Bernd Vetter

Douglas DC8

Pioniere des Jet-Zeitalters

Bernd Vetter

Douglas DC8

Pioniere des Jet-Zeitalters

GeraMond

Literatur

JP Airline- Fleet international 1994, Airliners Monthly News JP Update Production Focus, FLUGZEUG-Verlag, Flug Revue, Motorbuch Verlag, Flugtriebwerke Hünecke Motorbuch Verlag, Interavia, Douglas DC8 Pictorial History by G.W. Cearley, Douglas Service Volume 42/85, DC Flight Approach No.38 Nov.81, Pratt & Whitney Dependable Engines since 1925, Fact Sheet JT3D-7 Turbofan Engine.

Dank

Für die freundliche Unterstützung und Überlassung von zusätzlichem Bildmaterial möchte ich mich recht herzlich bedanken bei:
Harry Gann, Mc Donnell Douglas; M. Bartis, Swissair; F. Kuhnik, Alitalia; G. Frank, FAG Flughafen Frankfurt; W. Bittner, Deutsche Lufthansa; Fr. Schneeweiss, Condor; M. Llonch, Iberia; J. Schelske; M. Poznanski, Condor Cargo Technik; Gerhard Lang, H. Vykoukal, Michael Hald, Axel Farber, Ulrich Hoppe, H. Auf Der Hart, Max Hausmann. Vor allem aber meinem Sohn Frank.

Impressum

CIP-Einheitsaufnahme
Douglas DC8 – Pioniere des Jet-Zeitalters
Bernd Vetter
1. Auflage
München: GeraMond Verlag, 2001
ISBN 3-932785-86-X

Lektorat: Margit Bachfischer
Herstellung: TIM Verlag, Prittriching/Winkl
Printed by Mladinska knjiga, Ljubljana, Slovenia

Inhalt

UNITED
N8073U
UNITED

Vorwort

Als nach dem Kriege, Anfang der sechziger Jahre, der internationale Luftverkehr sprunghaft zu wachsen begann, war dies unter anderem ein Verdienst von Douglas mit ihrer DC8. Kaum ein anderes Unternehmen investierte mehr in die Entwicklung eines düsengetriebenen Passagierflugzeugs mit revolutionärer Technik als dieses in Long Beach, Kalifornien, ansässige. Durch Militäraufträge begünstigt, entwickelte sich der Flugzeughersteller Boeing in Seattle derart rasch zu einem ernst zu nehmenden Konkurrenten, dem es mit seiner Entwicklung, der Boeing B707, gelang, mehr und mehr Marktanteile zu gewinnen. Douglas konterte immer wieder mit neuen DC8-Varianten. Mit diesem Flugzeugtyp und der Vielfalt seiner Einsatzmöglichkeiten versuchte man verlorenes Terrain wieder zurückzuholen.

Als im Jahre 1983 bei German Cargo Services, einem Tochterunternehmen der Deutschen Lufthansa, die Entscheidung getroffen wurde, für das Frachtgeschäft DC8-73-Flugzeuge zu beschaffen, war dies für viele eine große Überraschung, waren es doch vor allem Flugzeuge der Marke Boeing, die den Kranich am Leitwerk trugen. Im Einzelfall wurden Flugzeuge der Firma Douglas als Lückenfüller oder als Übergangslösung in diesem deutschen Unternehmen betrieben. Doch bei dieser Entscheidung hielt sich Lufthansa dezent zurück und überließ es der GCS bzw. Condor für den Fracht-Charter-Betrieb ein passendes und vor allem wirtschaftliches Fluggerät zu beschaffen. Diese Überlegungen führten zur sinnvollen Entscheidung, fünf Flugzeuge des Typs Douglas DC8-73 zu kaufen. Diese Maschinen hatten zwar schon einige Flugstunden auf dem Buckel, jedoch grundüberholt und mit den neuen CFM-56-Triebwerken ausgerüstet, war man mit ihnen sehr wohl in der Lage, trotz großer Konkurrenz auf dem hart umkämpften Fracht-Charter-Markt preisgünstig zu operieren. So waren diese fünf DC8-Flugzeuge bei German Cargo Services und später auch bei Lufthansa Cargo über zehn Jahre im Einsatz.

Trotzdem war der DC8-Betrieb in Deutschland im Vergleich zu den USA, Südamerika und dem asiatischen Raum relativ bescheiden. Auch in anderen europäischen Ländern kam dieser Flugzeugtyp sehr viel häufiger zum Einsatz.

In diesem Buch ist, neben der Beschreibung von Technik und Geschichte der DC8, das Hauptaugenmerk auf den Einsatz dieses Flugzeuges in der Bundesrepublik gerichtet.

Bernd Vetter

1

Douglas DC8, der Passagierjet

Eine Idee setzt sich durch

Wie auf einer Perlenkette aufgereiht warten Passagier- und Frachtflugzeuge an der Startbahn West des Frankfurter Rhein-Main-Flughafens auf ihre Startfreigabe. Als erstes Flugzeug erhält eine Boeing B747-400 der Deutschen Lufthansa das „Cleard for take off". Behäbig setzt sich der Gigant in Bewegung, bis er endlich die Nase hebt und das Hauptfahrwerk mit seinen 16 Rädern den Boden verlässt. Rasant sind dagegen die A320- oder B737-Kurz- und Mittelstreckenjets, die sehr schnell bestrebt sind, Höhe zu gewinnen.

An der Reihe ist nun ein etwas betagter Vogel, der sich langsam dem Startpunkt nähert. Es ist eine Mc Donnell Douglas DC8-73. Kurzzeitig werden die Bremsen gesetzt, bis der Kontrollturm die Genehmigung zum Start erteilt. Träge setzt sich das Flugzeug in Bewegung. Die vier CFM56-2-Triebwerke leisten nun Schwerstarbeit. Die Abhebegeschwindigkeit wird bei V2 erreicht und die nicht enden wollende Alluminiumröhre strebt dem Himmel entgegen.

Wie kein anderer Flugzeugtyp spiegelt die Douglas DC8 mit ihrer wechselvollen Geschichte die gesamte Flugzeugentwicklung mit ihrem ständigen Auf und Ab nach dem Kriege wider. Geprägt wurde die Entwicklung dieses Flugzeuges auch durch den andauernden Konkurrenzkampf mit Boeing. Besaß zwar Douglas die weitaus größte Erfahrung im zivilen Flugzeugbau, was der DC8 zugute kam, so spielte das Militär bei der Entwicklung der B707 eine große Rolle. Doch die Ausgangssituation nach dem Kriege war für beide Unternehmen gleich. Es stellte sich nur die Frage, wie man am besten ein wirtschaftliches Verkehrsflugzeug mit Strahlantrieb baut.

Am ehesten erkannten die Engländer den zukunftsweisenden Einsatz von Strahltriebwerken im Passagierflugzeugbau. Natürlich steckte die Entwicklung der Strahltriebwerke noch in ihren Kinderschuhen, doch die konsequente Weiterführung ließ für die Zukunft noch einiges erhoffen. So war es nicht verwunderlich, dass am 27. Juli 1949 das erste strahlgetriebene Verkehrsflugzeug von de Havilland, die D.H.106 Comet, zu ihrem Jungfern-

Bereits Mitte 1955 wurde der interessierten Fachwelt das erste Holzmodell der DC8 vorgestellt. Doch sollte es noch mindestens ein Jahr dauern, bis eine originalgetreue Holzattrappe die wahren Ausmaße erkennen ließ.

Immer einen Tick voraus. Rollout der ersten Boeing 367-80 am 15. Mai 1954. Entwickelt wurde dieser Flugzeugtyp als Ersatz der Boeing KC-97. Zum Passagierflugzeug (B707) weiterentwickelt war es die größte Konkurrenz der DC8.

flug aufstieg. Drei Jahre nach dem Erstflug erfolgte die Musterzulassung und am 9. Mai 1952 wurde in den Farben der BOAC der reguläre Flugbetrieb mit der Comet 1 von London nach Johannesburg aufgenommen.

Auf amerikanischer Seite wurden dagegen andere Schwerpunkte gesetzt. Die Weiterentwicklung der strahlgetriebenen Flugzeuge wurde hauptsächlich im militärischen Bereich forciert. Entwicklungen wie z.B. der Bomber B-47 oder der B-52 von Boeing hatten die erste Priorität. Auch Douglas dachte zu dieser Zeit in erster Linie an die Entwicklung eines strategischen Bombers, der wiederum über die Definitionsphase nie hinauskam.

In Eigeninitiative begann Boeing 1952 ein strahlgetriebenes Flugzeug zu entwickeln, welches die KC-97, ein Transporter und Tanker der amerikanischen Luftwaffe, ersetzen sollte. So entstand im Boeing-Werk Renton, Washington, das Modell 367-80 oder besser bekannt als Boeing B707. Natürlich hatte man mit dieser Entwicklung auch den zivilen Markt im Auge, denn die britische D.H. Comet wurde immer mehr auf internationalen Flugrouten eingesetzt und amerikanische Fluggesellschaften bekundeten an diesem Flugzeug ihr Interesse. Am 15. Mai 1954 fand in Renton der Rollout der 367-80 (N70700) statt und bereits am 15. Juli 1954 erfolgte der Erstflug. Dieses Flugzeug hatte vier Pratt-&-Whitney-JT3-Triebwerke, die einen Schub von 4536 kp entwickelten. Sie waren an Einzelgondeln unter den 35° gepfeilten Tragflächen angebracht. Der Rumpf war um einiges länger als jener der KC97. Mit einem Gesamtgewicht von mehr als 86 Tonnen war dieses Flugzeug nun endlich für die amerikanische Luftwaffe das geeignete Nachfolgemuster der KC97 als Tanker. Im Oktober 1954 erfolgte der erste Großauftrag an Boeing, der den Bau von 29 Tankflugzeugen vorsah. Die Entwicklung dauerte nochmals zwei Jahre, bis der erste Tanker mit der Bezeichnung KC-135 die Werkshalle verließ und am 31. August 1956 seinen Erstflug absolvierte. Die Gelder für die Tankflugzeugentwicklung ermöglichten auch dem Unternehmen Boeing das zivile Projekt B707 weiterzuentwickeln.

Douglas hatte zu diesem Zeitpunkt einen erheblichen Vorteil auf dem zivilen Sektor, konnte es doch eine große Anzahl von verkauften Verkehrsflugzeugen wie DC3, DC4, DC6 und DC7 aufweisen. Aber auch hier saßen die Mittel für eine Neuentwicklung nicht sehr locker. Andeutungsweise hatte man bereits 1952 etwas über eine Studie von einem Verkehrsflugzeug mit vier Strahltriebwerken bei Douglas erfahren, auch schon Abbildungen gesehen, die der DC8 schon sehr nahe kamen, doch fehlte es so kurz nach dem Kriege am nötigen Geld, dieses Projekt weiterzuführen. Nachdem der Konkurrent Boeing mit seinem Modell 367-80 die Nase vorne hatte, entschied man sich bei Douglas nun endgültig, den eigenen Entwurf so schnell als irgend möglich voranzutreiben, zumal das Pentagon ein Veto gegen die zivile Weiterentwicklung des Boeing-Jets eingelegt hatte und daraus zumindest vorerst die zivile Nutzung blockierte.

Auf einer Pressekonferenz wurde am 14. Juni 1955 von Douglas die Entscheidung mitgeteilt, das Flugzeug DC8 bis zur Serienreife zu entwickeln und mit der Auslieferung 1958 zu beginnen. Doch kurze Zeit später wurde vom Pentagon der Vorbehalt für die zivile Nutzung der Boeing 707 zurückgenommen und sofort konterte Boeing mit der Ankündigung, ihr Flugzeug bis 1958 zur Serienreife zu entwickeln und ab 1959 mit der Auslieferung zu beginnen. Damit begann eine neue Ära im zivilen Luftverkehr.

Vergleicht man DC8 mit der im internationalen Einsatz befindlichen DC7, so ist der neue Jet mit vier Pratt-&-Whitney-Strahltriebwerken, die je einen Schub von 60 kN (6124 kp) erzeugen, ausgerüstet, besitzt einen um zwölf Meter längeren Rumpf und hat eine um acht Meter größere Spannweite. Sie fliegt mit einer Geschwindigkeit von circa 900 Kilometer pro Stunde und kann auf einer Stecke von 7686 km je nach Konfiguration zwischen 118 und 176 Passagiere befördern. Die DC7 konnte auf einer Stecke von 5556 km nur zwischen 54 bis 110 Passagiere transportieren. Es faszinierte schon der Gedanke, in Frankfurt eine DC8 um 7.00 Uhr zu besteigen und am selben Tag um 10.00 Uhr in New York im Büro zu sitzen. Die Anschaffungskosten sowie die Betriebskosten dieser neuen Flugzeuggeneration mussten aber erst noch auf Wirtschaftlichkeit überprüft werden, was natürlich nicht sehr einfach war. Nach ersten Berechnungen stieg die Tonnenkilometer-Produktion pro Flugstunde bei der DC8 auf den dreifachen Wert einer DC7, doch verbrauchten die durstigen Triebwerke der Jets auch das Drei- bis Vierfache an Kraftstoff. Eine

Oben: Im Herbst 1956 präsentierte Douglas im Werk Santa Monica, Kalifornien, der Öffentlichkeit die originalgetreue Attrappe der DC8. Aus Platzgründen wurde auf den Anbau des Hecks sowie auf die rechte Flügelhälfte verzichtet.

Unten: Die Triebwerksaufhängung und auch das Triebwerk aus Holz konnten in Augenschein genommen werden.

Ersparnis wiederum, war der um 25% niedrigere Kraftstoffpreis für Kerosin. Nun lag es an den Strecken- beziehungsweise Einsatzplanern, dieses Fluggerät so optimal wie möglich einzusetzen. Trotz der enormen Investitionen die aufseiten der Airlines aufzubringen waren, veröffentlichte Pan American World Airways am 13. Oktober 1955 die Bestellung von 25 DC8 und 20 Boeing B707 mit einem Umfang von 269 Millionen Dollar und einem Liefertermin zwischen Dezember 1958 und Dezember 1959. Dieses war der Beginn eines unerbittlichen Konkurrenzkampfes zwischen Douglas und Boeing. Alle großen Fluggesellschaften, auch viele europäische, wollten die neue Entwicklung für sich nutzen. Alle Hochrechnungen wiesen auf eine wesentlich höhere Wirtschaftlichkeit dieser neuen Flugzeuggeneration. Nur über eine Finanzierung hatte man noch nicht nachgedacht. Ein Umstand, an dem so manche Gesellschaft noch lange nach Einführung der neuen Flugzeuge zu kämpfen hatte. Auch die großen internationalen Flughäfen in der ganzen Welt wurden von dieser Entwicklung überrascht. Die ganze Infrastruktur eines internationalen Flughafens musste überdacht werden. So zum Beispiel reichte in vielen Fällen die Länge der Startbahn für den Betrieb von Düsenverkehrsflugzeugen nicht mehr aus. Für die neue Flugzeuggeneration mussten neue Anflugverfahren entwickelt beziehungsweise die entsprechenden technischen Voraussetzungen geschaffen werden. Die Tragfähigkeit der Bodenbeläge wurde für die doppelt so schweren Maschinen überprüft. Auch das Bereitstellen von entsprechenden Kraftstoffmengen bedurfte einiger Überlegung. Bei einer Flugplatzerweiterung sah man Unterflurzapfstellen vor, an denen man nur noch einen Pumpwagen anzuschließen brauchte, um den Kraftstoff in die Flugzeugtanks zu pumpen. Wo eine Unterflurbetankung nicht möglich war, musste noch nach herkömmlicher Methode ein Tankwagen die Betankung übernehmen. Die Industrie stellte sich recht schnell darauf ein und bot den Flughäfen Tanklastzüge mit einem Volumen von mehr als 40 000 Liter Kraftstoff an. Um dem anwachsenden Passagieraufkommen Rechnung zu tragen, mussten die Abfertigungs- und Warteräumlichkeiten vergrößert werden. Neuartige, bewegliche Fluggastbrücken, die dem Passagier den trockenen Zugang zur Maschine ermöglichten, aber auch den umständlichen Weg über das Vorfeld ersparten, wurden eingeführt. Annehmlichkeiten die für den heutigen Passagier zur Selbstverständlichkeit gehören.

Tragflächen und Rumpf der ersten Maschine werden zusammengefügt.

Bis zum Februar 1956 konnten die beiden Flugzeughersteller Boeing und Douglas Aufträge für 221 Flugzeuge im Wert von 1,3 Mrd. Dollar verbuchen. So entfielen im Jahre 1956 auf Boeing 103 und auf Douglas 118 verkaufte Flugzeuge, die sich bei der DC8 wie aus der Tabelle 1 ersichtlich, verteilten. Da sich aber im Wesentlichen die Flugzeuge beider Hersteller nicht unterschieden, kam es bei den Verkaufsverhandlungen immer nur darauf an, dem jeweiligen Kunden das passende Fluggerät zu präsentieren. So ist auch nicht verwunderlich, dass im Laufe der Jahre aus dem Grundmuster DC8 bis zu 20 Varianten entstanden. Ein Flugzeugtyp konnte wie im Baukastensystem für alle Erfordernisse zusammengebaut werden. Sowohl für Kurz-, Mittel- oder Langstrecke als

Eastern Air Lines war einer der ersten Kunden für das Mittelstreckenflugzeug DC8-21. Es hatte bereits die stärkeren P&W-JT4-A-Triebwerke.

FALCON JET

Auf einer Großveranstaltung im Oktober 1955 wurden in Santa Monica den Repräsentanten interessierter Fluggesellschaften die Vorzüge der DC8 erläutert.

auch den unterschiedlichsten Passagieraufkommen konnte somit Rechnung getragen werden. Zu Beginn wurden vier Varianten der DC8 angeboten, die DC8-10, -20, -30 und -40.

Innerhalb einer Variante gab es noch diverse Unterschiede, die man an der zweiten Zahl erkennen kann, zum Beispiel -11,-12 oder -21, -32. Für den inneramerikanischen Einsatz war die DC8-10 mit den Pratt-&-Whitney-Triebwerken JT3C-6 für 118 bis 176 Passagiere, einer Reichweite von 7686 km und die DC8-20 mit P&W-JT4A-9 für die gleiche Passagieranzahl und einer Reichweite von 8171 km geplant. Für den interkontinentalen Einsatz waren zwei Versionen vorgesehen: Die DC8-30, mit den P&W-JT4A-11 für 118 bis 176 Passagiere und einer Reichweite von 10 103km und die DC8-40 mit vier Rolls-Royce-Conway-RCo12-Triebwerken ausgerüstet, die eine Strecke von 10 881 km zurücklegen konnte.

Im Douglas Werk Santa Monica in Kalifornien arbeitete man unterdessen an der Fertigstellung einer DC8-Attrappe. Dieses, zum großen Teil aus Holz gefertigte Flugzeug (aus Platzgründen war nur eine Tragfläche angebaut) entsprach auch von seiner Größe dem Original und war für alle Interessenten, die die DC8 vom Reißbrett gekauft hatten, die erste Möglichkeit, Detailkenntnisse zu erhalten. Wichtige Komponenten, wie zum Beispiel das Fahrwerk, Landeklappen oder die Querruder waren originalgetreu und funktionsfähig eingebaut.

Der erste Prototyp mit der Kennung N8008D war ein Mittelstreckenflugzeug und für inneramerikanische Strecken vorgesehen. Der Erstflug der DC8-11 erfolgte am 30. Mai 1958. Die Innenausstattung entsprach der United-Airlines-Konfiguration. Angetrieben wurde dieses Flugzeug von vier Pratt-&-Whitney-JT3C-6-Triebwerken, die zu diesem Zeitpunkt noch keine Lärmdämpfung besaßen. Zwei Stunden dauerte der erste Testflug, bei dem hauptsächlich das Flugverhalten und die Steuerungselemente überprüft wurden, und endete auf dem Luftwaffentestgelände von Edwards AFB. Nun begann bei Douglas die Aufholjagd, denn der große Konkurrent aus Seattle hatte schon wieder die Nase vorne, denn der Erstflug dieser B707- Zivilversion, vorgesehen für Pan American, fand bereits am 20. Dezember 1957 statt. Das erste DC8-Flugzeug aus der Serienfertigung wurde erst am 29. Mai 1959 an United Airlines ausgeliefert. Hierbei handelte es sich um eine DC8-11-Kontinentalversion, LN 8, MSN 45281, mit der Registrierung N8004U. Die Musterzulassung erhielt dieses Flugzeug am 31. August 1959. Die zweite Maschine, LN 14, MSN 45408, wurde am 21. Juli 1959 von Delta Air Lines übernommen. Doch der eigentliche Flugbetrieb begann bei beiden Fluggesellschaften am 18. September 1959.

Mit dem Delta-Flug 823 um 09.20 Uhr von dem New Yorker Flughafen Idlewild (jetzt John F. Kennedy Airport) begann die DC8-Ära. Kapitän Floyd Addison saß am Steuer der N801E, auf dem Jungfernflug nach Atlanta, Georgia. Delta war sehr stolz auf diesen Flug, hatte man doch den Mitkonkurrenten United

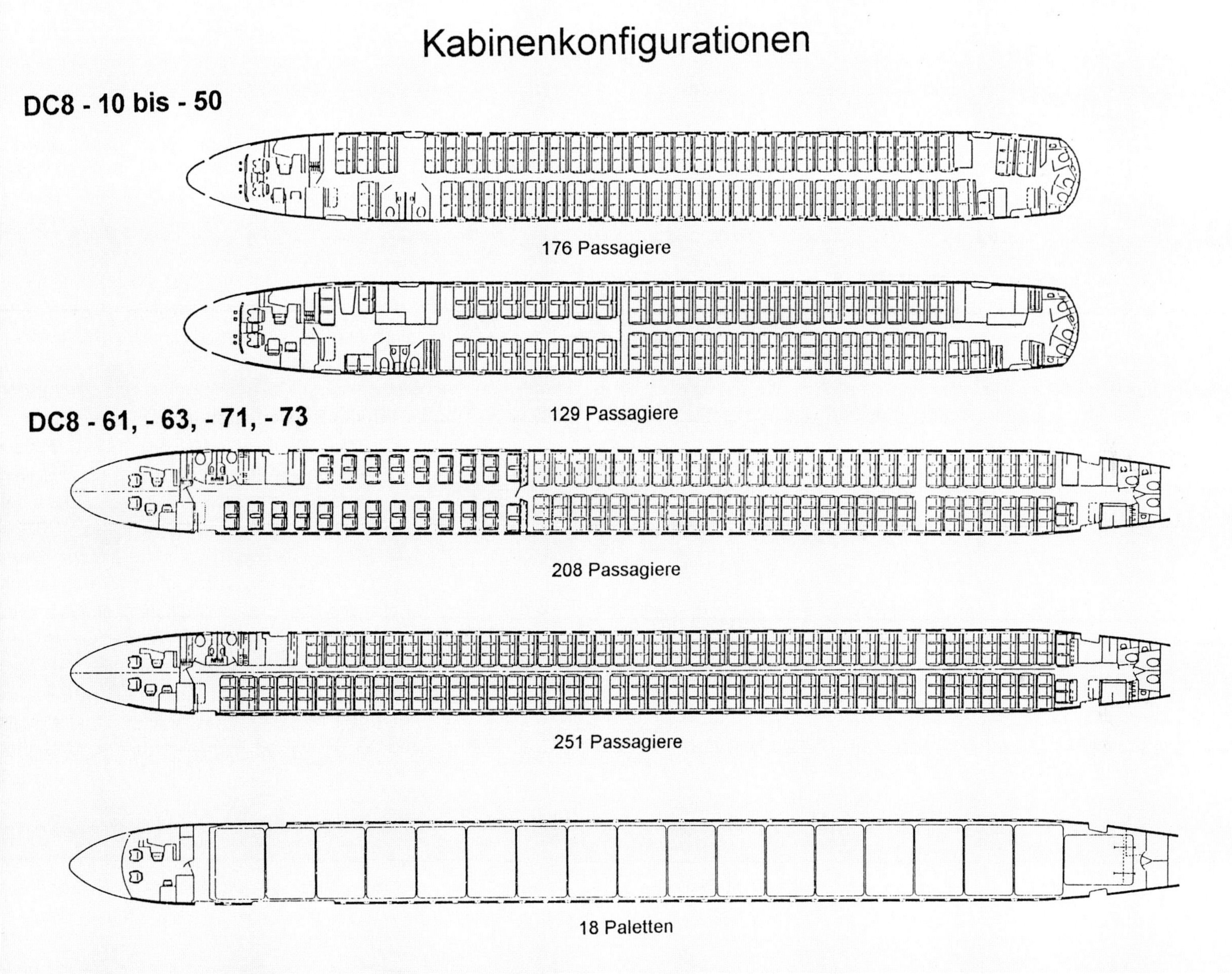

Airlines um zwei Stunden geschlagen. Die erste United-Airlines-DC8-11 startete am gleichen Tag in San Francisco um 08.30 pazifischer Zeit Richtung New York.

Insgesamt wurden von Douglas 1959, außer den Prototypen, noch 17 Flugzeuge ausgeliefert. Elf Maschinen übernahm United Airlines und sechs Maschinen Delta Air Lines. Um allen Ansprüchen gerecht zu werden, wurden insgesamt neun Prototypen in den unterschiedlichsten Konfigurationen gebaut. Vier Flugzeuge mit dem Pratt-&-Whitney-Triebwerk JT3C, drei

Flugzeuge mit JT4A und zwei Maschinen mit dem englischen Triebwerk „Conway" von Rolls-Royce. Die erste Serie 10 war für den inneramerikanischen Einsatz gedacht, besaß vier JT3C-6 Triebwerke und war mit 67 000 Liter Kraftstoff das Flugzeug mit der geringsten Reichweite. Die Serie 20 wurde mit den verbesserten Pratt-&-Whitney-Triebwerken JT4A-9 (J75) ausgerüstet. Der erste interkontinentale Prototyp der Serie 30 hatte eine größere Kraftstoffkapazität und stärkere Pratt-&-Whitney-JT4A-11-Triebwerke. Eine Verbesserung des Luftwiderstandes wurde durch eine Verlängerung der Tragflächen erzielt. Mit der Serie 40 kam das Rolls-Royce-„Conway"-Triebwerk für die zweite Langstreckenversion zum Einsatz. Douglas spekulierte, mit dieser Version auch den englischen Markt mit zu erobern. Die Produktion konnte dermaßen gesteigert werden, dass im Januar 1961 113 Flugzeuge der Serien -11, -21, -31, -32, -33, -41, -42 und -43 zur Auslieferung kamen (siehe Tabelle 2). Ein Gewinn konnte aber damit noch nicht erzielt werden. Um konkurrenzfähig zu bleiben, lag der Verkaufspreis unter den Produktionskosten. Auch die Fluggesellschaften konnten zu diesem Zeitpunkt noch keinen Gewinn erzielen, denn zur Anschaffung einer modernen Jet-Flotte waren immense Investitionen erforderlich. Zum Beispiel hatte die SAS Schulden in Höhe von 800 Millionen Schwedenkronen, von denen circa 600 Millionen für die Beschaffung von Verkehrsflugzeugen aufgewendet werden mussten. Die restlichen 200 Millionen Schwedenkronen waren der finanzielle Aufwand für operationelle Strukturveränderungen mit Einführung der strahlgetriebenen Passagierflugzeuge.

Die Weiterentwicklung dieser Flugzeuggeneration wurde von der Industrie forciert, um auch Betriebskosten zu senken. Die einfachste

Die Serienfertigung beginnt.

Formel bei Douglas lautete, das Sitzplatzangebot pro Fluggerät zu steigern, um dadurch die Sitzplatzkosten zu veringern.

Dieses Konzept wurde bereits 1959 begonnen und fand seinen Abschluss in den Konstruktionen der „Super-Sixty"-Flugzeuge. Aber bis dahin war es noch ein langer Weg.

Zur besseren Vermarktung der Flugzeuge musste man die Fluggesellschaften in die Überlegungen mit einbeziehen. Auch war es unbedingt notwendig, die durstigen Triebwerke zu verbessern.

Einen enormen Fortschritt erzielte man bei Pratt & Whitney. Deren Ingenieure hatten herausgefunden, dass eine erhebliche Leistungssteigerung des JT3C-Triebwerkes mit einem angebauten Zweistufenfan zu erzielen war. Die neue Zauberformel hieß Turbofan oder Mantelstromtriebwerk. Mit diesem um 140% gesteigerten Luftdurchsatz konnte ein um 42% höherer Startschub erzielt werden. Der Kraftstoffverbrauch konnte um 13% verringert werden. Mit der neuen Langstreckenversion von Douglas der DC8 Serie 50, ausgerüstet mit den neuen JT3D-Triebwerken, hatte man schließlich ein Flugzeug parat, welches endlich der großen Konkurrenz Boeing B707-320 auf dem interkontinentalen Markt Paroli bieten konnte.

Es war verhältnismäßig einfach, die Flugzeuge der Serie 30 mit dem neuen Triebwerk auszurüsten beziehungsweise alle dazugehörenden Modifizierungen mit durchzuführen, zum Beispiel den Einbau eines Rohrleitungs- und Ventilsystems für die neuen Luftstarter. Trotzdem wurde 1961 die Auslieferungsrate von 1960 bei weitem nicht erreicht. Sie war noch nicht einmal halb so hoch. Von den 41 ausgelieferten Flugzeugen war das neue Muster zwölfmal vertreten. Andere Flugzeughersteller hatten auch nicht geschlafen und drängten zusätzlich auf den Markt. Denn nicht nur Boeing mit ihrer B707, sondern auch Convair brachte mit den Mittel- und Langstreckenversionen CV880 und CV990 ein weiteres Muster dieser Kategorie auf den Markt. Auch europäische Flugzeughersteller beteiligten sich am harten Wettbewerb, wie zum Beispiel Vickers mit der VC10 oder De Havilland mit der modifizierten Comet 4C. Wenn man sich diese Flugzeugpalette betrachtete, konnte man erkennen, dass es für Douglas unbedingt erforderlich war, jede Möglichkeit zu nutzen, um sich am Weltmarkt weiterhin zu behaupten. Eine Möglichkeit war, die Kabine der DC8 so umzurüsten, dass sie als Frachtraum sowie Passagierkabine genutzt werden konnte. Dies zu realisieren war recht einfach und stellte damit das unkomplizierte Konzept und den sinnvollen Aufbau dieses Flugzeuges unter Beweis. Kurzerhand wurde hinter der linken vorderen Eingangstür ein 3,56 m auf 2,18 m großer Ausschnitt in das Flugzeug eingebracht und eine hydraulisch fahrbare Ladeluke eingebaut, Rollenteppiche und Führungsschienen auf dem Boden befestigt. Damit war es möglich, große Frachtstücke und Paletten festgezurrt zu transportieren. Eine Wand im mittleren Teil war die Trennung zur Passagierkabine. In einem großen Werbefeldzug wurde das neue Konzept, als DC8F-„Jet Trader" bezeich-

Die einzelnen Sektionen werden gefertigt und montiert.

Rollout der ersten, noch unfertigen DC8 im Januar 1958.

net, der breiten Öffentlichkeit vorgestellt und auf die errechneten Einsparungen hingewiesen. Die Passagierkabine, ausgelegt für 54 Passagiere, konnte mit einer Auslastung unter 50%, mit 25 Tonnen Fracht schon wirtschaftlich betrieben werden. Im Interkontinentalverkehr würde der Tonnenkilometer gerade mal 12 Pfennige kosten. Natürlich konnte man dieses Flugzeug in ein reines Fracht- beziehungsweise Passagierflugzeug mit 183 Sitzen umrüsten. Die erste DC8-54F, LN175, MSN 45640, mit der Registrierung N9609Z erhob sich zum ersten Mal am 29. Oktober 1962 in die Luft. Dieses Flugzeug wurde am 24. April 1963 von Douglas an Trans Canada Airlines übergeben und erhielt die kanadische Zulassung CF-TJL. Insgesamt 54 Flugzeuge, -54F 30 Stück, -55F 24 Stück, wurden weltweit verkauft. Die Produktion der gesamten Serie 50 erstreckte sich bis in das Jahr 1968. Das letzte Flugzeug dieser Version, eine DC8-54F, LN 410, MSN 46012 wurde am 23. November 1968 an United Airlines mit der Registrierung N8055U ausgeliefert.

Ein spektakulärer Flug gelang einer Douglas-Crew am 21. August 1961 mit einer DC8-43, LN130, MSN 45623 und der Registrierung N9604Z. Zum ersten Mal wurde mit einem Verkehrsflugzeug die Schallmauer durchbrochen. Die DC8 ausgerüstet mit vier Rolls-Royce-Conway-Triebwerken, erreichte auf einem Testflug von Long Beach, Kalifornien, zur Edwards Air Force Base eine Eigengeschwindigkeit von 1060 km/h in einer Höhe von 12 300 m. Gleichzeitig wurde damit der Höhenrekord eingestellt. Doch die Verkaufszahlen sackten immer weiter ab und erreichten im Jahre 1963 mit gerade mal 19 ausgelieferten Flugzeugen ihren Tiefstand, drei Flugzeuge der Serie 40 und 16 Flugzeuge der Serie -50/50F. Auch die folgenden Jahre brachten keinen nennenswerten Anstieg an Bestellungen. Douglas hatte bereits 1959 damit begonnen, Studien über eine längere Version zu erstellen, doch waren die Möglichkeiten mit einer dünnen Finanzdecke sehr eingeengt. Durch den harten Wettbewerb hatte man zu viel Substanz verloren. Douglas ging in die Offensive und kündigte im April 1965 die Fertigung von drei neuen DC8-Versionen mit dem Schlagwort „Super Sixty" an. Getreu ihrer bisherigen Musterpolitik basierten diese neuen Versionen auf dem ursprünglichen DC8-Konzept. So war das mit Super 61 bezeichnete Flugzeugmuster ein Mittelstreckenflugzeug mit großer Kapazität. Tragflächen, Triebwerke und auch die Gewichtsklasse entsprachen jenen der DC8-50. Der Rumpf wurde um 11,2 m verlängert, sodass die Passagierkapazität um 45 % erhöht werden konnte.

Rein wirtschaftlich war dieses Flugzeug das günstigste seiner Art, da sich die Betriebskosten nicht wesentlich erhöhten. Douglas hatte mit diesem Konzept das Ziel erreicht, hauptsächlich amerikanische Luftverkehrsgesellschaften dafür zu begeistern. Denn das Interesse war sehr groß, was sich an den Bestellungen bemerkbar machte.

Bei der zweiten Version, der Super 62, hatte Douglas vor allem den internationalen Markt für eine Langstreckenversion im Auge. Dieses Flugzeug war mit 48 m unwesentlich länger als die DC8-50. Der Grund war einfach die Anpassung der Sitzplatzkapazität an den Konkurrenten von Boeing, die B707-320. Konstruktive Veränderungen wurden hauptsächlich im

Bereich der Tragflügel vorgenommen. Die Spannweite betrug nun 45,2 m. Die Triebwerksaufhängungen wurden verändert und modifiziert, die Triebwerksummantelung so aerodynamisch angepasst, dass auch der vom Fan erzeugte Luftstrom innerhalb der Ummantelung zur Düse geleitet wurde. Mit dem neuen Triebwerk JT3D-3B von Pratt & Whitney, welches einen Schub von 80 kN (8158 kp) entwickelte, und den aerodynamischen Verbesserungen, erzielte dieses Flugzeug eine Reisegeschwindigkeit von 928 km pro Stunde. Das dritte Muster im Bunde der „Super Sixty" war die Super 63. Sie bestand hauptsächlich aus einem Zusammenbau von -61- und -62-Komponenten, hatte die lange Rumpfzelle, die verbesserten Tragflächen, die schubstärkeren Triebwerke Pratt & Whitney JT3D-7 mit einem Schub von 84,5 kN (8617 kp) und das höchste Gesamtgewicht bis zu 161 Tonnen. Dieses Flugzeugprogramm war so ideal aufgebaut, dass bei Douglas die ersten größeren Bestellungen wieder eingingen. Auf einer Pressekonferenz am 10. November 1965 teilte Jackson Mc Gowen, Vizepräsident von Douglas mit, dass bereits 34 „Super Sixty"-Bestellungen und 19 Optionen vorlagen, die einem Wert von 272 Millionen Dollar entsprachen. Alle drei Modelle befanden sich zu diesem Zeitpunkt in der Fertigung.

Bei dem Rollout der ersten DC8-62 wies Donald W. Douglas in seiner Ansprache auf die hervorragende Zusammenarbeit mit der SAS hin, die acht Einheiten dieses Typs in Auftrag gegeben hatte und an der Ausarbeitung des Entwurfs mit beteiligt war.

Am 14. März 1966 hob das bis zu diesem Zeitpunkt längste Verkehrsflugzeug der Welt in Long Beach, Kalifornien, zu seinem Erstflug vom Boden ab und bereits am 29. August 1966 folgte die Super 62 mit ihrem Erstflug. Die Auslieferung begann am 26. Januar 1967 mit der ersten DC8-61, LN 284, MSN 45813 an United Airlines und erhielt die Registrierung N8073U. Die erste Super-62-Auslieferung erfolgte am 3. Mai 1967 an SAS. Ein Jahr nach dem Erstflug der DC8-61 folgte bereits am 10. April 1967 der Erstflug der DC8-63. Insgesamt wurden 1967 39 „Super Sixty"-Flugzeuge der Versionen -61 (20), -61CF (5), -62 (11), -62CF (1) und -63 (2) ausgeliefert (siehe Tabelle 3 über die entsprechenden Auslieferungen). Man erreichte bei Douglas eine Produktionsrate von neun DC8-Flugzeugen pro Monat.

Zwei neue Ideen nahmen auf dem Reißbrett Gestalt an, wurden aber letztendlich nicht verwirklicht. So zum Beispiel die Serie 70 (nicht zu verwechseln mit der zu einem späteren Zeitpunkt von Cammacorp umgebauten Version DC8-70). Dieses Flugzeug war speziell für die britische Fluggesellschaft British European Airways (BEA) konzipiert. Die Maschine sollte etwas leichter als alle vorherigen Modelle und mit Pratt-&-Whitney-JT8D-11-Triebwerken ausgerüstet sein.

Ein weiterer Vorschlag wurde mit der Bezeichnung Serie 80 veröffentlicht. Diese DC8-83 war eine nochmals gestreckte DC8-63. Mit einer Länge von 64,71 m war sie um 7,57 m länger als das Vorgängermodell und sollte bis 300 Passagiere befördern. Mit einem vergrößerten Kabinendurchmesser versuchten die Douglas-Ingenieure mit der Version DC8-84 die Kapazität um ein Weiteres zu erhöhen. Angetrieben von vier Rolls-Royce-RB204-Triebwerken mit einem Schub von 116,24 kN (11 790kp)

Dieses Bild verdeutlicht den Größenunterschied zu den herkömmlichen Douglas-Verkehrsflugzeugen.

Übersicht der Strahlflugzeuge-Bestellungen im Februar 1956

Muster	Gesellschaft	Stückzahl	Liefertermin
Douglas DC8	Pan American Airlines	25	1959 bis 1960
	United Airlines	30	ab Mai 1959
	National Airlines	6	1959 bis 1960
	Eastern Airlines	26	ab Mai 1959
	KLM	8	ab März 1960
	Japan Air Lines	4	1960
	Scandinavian Airlines System	7	1960
	Pan American-Grace Airways	4	Anfang 1960
	Swissair	2	Frühjahr 1960
	Delta Airways	6	
Total		**118**	
Boeing B707	Pan American Airlines	20	ab Dez. 1958
	American Airlines	30	ab März 1959
	Braniff Airways	5	ab Sept. 1959
	Continental Airlines	4	1959
	Air France	10	ab Nov. 1959
	Sabena	4	ab Dez. 1959
	Trans World Airlines	30	ab Apr. 1959
Total		**103**	
De Havilland Comet IV	B.O.A.C.	20	ab Juli 1958
Sncase SE. 210 Caravelle	Air France	12	ab Ende 1958

DC8 Auslieferungsstand Januar 1961

Muster	Auftrags-bestand	Fluggesell-schaft, bestellt	ausgegeliefert
Serie 10/20	63	Aeronaves de Mexico, 1	6
		Delta, 6	11
		Eastern Air Lines, 16	3
		National, 3	3
		United Airlines, 37	32
Serie 30	57	Japan Air Lines, 5	4
		KLM, 7	7
		Northwest, 5	5
		Pan American Airlines, 19	17
		Pan American Grace, 4	4
		Panair, 2	-
		SAS, 7	7
		Swissair, 3	3
		TAI, 3	-
		UAT, 2	2
Serie 40	23	Alitalia, 8	4
		CPAL, 4	-
		TCA, 11	7
Serie 50	14	Iberia, 3	-
		KLM, 6	-
		Philippines Airlines, 2	-
		United Airlines, 3	-
Total	**157**		**113**

sollte diese Version bei der britischen BOAC eingesetzt werden.

Während in den USA kräftig produziert wurde, stritten sich derweil die Europäer um das beste Konzept. Durch die stark ansteigenden Passagierzahlen drängten die Airlines darauf, noch größere Flugzeuge zu bauen. Denn mittlerweile hatten sich die großen Flughäfen auf den Passagieransturm eingestellt und die bodeneigenen Voraussetzungen geschaffen. Für die europäische Industrie hieß das Zauberwort Airbus. Doch war kein europäischer Flugzeughersteller alleine finanziell in der Lage, ein Flugzeug in der Größenordnung einer DC8 „Super Sixty", geschweige denn ein noch größeres Gerät zu bauen. Auf europäischer Seite suchte man daher zur Realisierung eines solchen Flugzeuges geeignete Partner. Dieses Vorhaben gestaltete sich aber sehr schwierig, zumal jeder Flugzeughersteller eine eigene Vorstellung über Größe und Aufgabe hatte. Mittlerweile hatte die Firma Boeing ungewollt das größte Zugpferd im Stall. Denn bei der Großraumtransporter-Ausschreibung der amerikanischen Luftwaffe unterlegen, saß nun Boeing auf seinem Transportgiganten. Lockheed hatte mit ihrer C5A Galaxy den Zuschlag zur Fertigung erhalten. Dieses Großraumflugzeug von Boeing, welches bis zu 500 Passagiere transportieren konnte, wurde nun aus Verlegenheit den Fluggesellschaften angeboten. Wie auch bei Einführung der DC8 und B707, betätigte sich hier wieder Pan American Airlines als Vorreiter. Auf einen Schlag wurden 25 Flugzeuge des Typs Boeing B747 bestellt. Andere Fluggesellschaften wollten nicht ins Hintertreffen geraten und orderten auch dieses Flugzeug.

Wegen dem Trend zu größerem Fluggerät trat im April 1966 American Airlines an Douglas mit dem Wunsch heran, einen Großraumjet mit einer Kapazität von 300 Passagieren für den inneramerikanischen Einsatz zu entwickeln. Er sollte auf Strecken wie zum Beispiel New York – Chicago – Los Angeles einsetzbar sein. Das wirtschaftlichste Konzept wäre ein Flugzeug mit drei Triebwerken gewesen. Am 25. April 1969 gab Douglas bekannt, daß man sich trotz Lieferschwierigkeiten mit dem Kurz- und Mittelstreckenjet DC9 für das neue Verkehrsflugzeug entschieden hatte. Eingereiht in die DC-Flotte, sollte es die Bezeichnung DC10 erhalten. Da bereits 1967 Mc Donnell Douglas übernommen hatte, war auch wieder ein finanzielles Polster vorhanden, denn langsam, aber sicher war zuvor das Unternehmen Douglas in eine immer größere Krise geraten. Rechtzeitig erhielt das Unternehmen die helfende Hand aus St. Louis gereicht. Die neuen Unternehmensbereiche unter Mc Donnell wurden saniert, bis alle vier Divisionen von nun an mit dem Namen Mc Donnell Douglas Profit erarbeiteten.

Die mittlerweile eingegangenen Aufträge für das neue Flugzeug DC10 beliefen sich auf 55 Festbestellungen und 55 Optionen, die einem Wert von circa 865 Millionen US-Dollar entsprachen. Auch die Auftragszahlen der „Super Sixty" konnten sich sehen lassen, denn immerhin lagen zu diesem Zeitpunkt 222 Bestellungen vor. Leider hatte Mc Donnell Douglas nicht erkannt, dass Boeing nicht mehr in der Lage war, Leistungsverbesserungen an der Boeing B707 vorzunehmen und die Verkaufsstrategie nur noch auf das Flugzeug B747 ausgerichtet war. Mc Donnell Douglas setzte andere Schwerpunkte, so wurde zum Beispiel die Entwicklung der DC10 forciert. Böse Zungen behaupteten, um Steuervergünstigungen durch einen geänderten Abschreibungsmodus zu erhalten, sollte doch die ganze DC8-Produktion eingestellt werden. Nach dramatisch sinkenden Verkaufszahlen von 1971 und 1972, ausgelöst auch durch erhebliche Lieferverzögerungen, konnte man schon das Ende der DC8 erahnen. Ein Grund für die Lieferverzögerungen war hauptsächlich der Vietnamkrieg. So wartete die Schweizer Fluggesellschaft Swissair über ein halbes Jahr auf ihre bestellten DC8-62-Flugzeuge. Ganz allmählich lief die DC8-Produktion aus. Die letzten drei Flugzeuge wurden im Jahre 1972 ausgeliefert. Die allerletzte DC8, die vom Band lief, war eine Serie 63 mit der LN556, MSN 46163. Das Flugzeug wurde am 12. Mai 1972 an SAS mit der Kennung SE-DBL übergeben.

Dass die DC8 ein hervorragendes Flugzeugmuster war, zeigte sich bereits ein Jahr später. Durch die horrend ansteigenden Ölpreise verunsicherte Fluggesellschaften gaben ihre Optionen auf Großraumflugzeuge zurück oder streckten die Abnahmetermine. Insgesamt sanken die Auftragseingänge bei den Flugzeugherstellern Boeing mit ihrer B747 und Mc Donnell Douglas mit der dreistrahligen DC10. Viele Flugzeugbetreiber suchten verzweifelt nach wirtschaftlichem Fluggerät. So rückte auf einmal die DC8 wieder in das Rampenlicht. Betreiber dieser Flugzeuge, die sich frühzeitig, um in das Großraumgeschäft mit einzusteigen, von diesen Maschinen trennen wollten, hielten sich auf einmal zurück. Man flog diese Maschinen weiter. So kam es dazu, dass auf dem ganzen Gebrauchtflugzeugmarkt DC8-Flugzeuge zu einem wesentlich höheren Preis als dem erstmaligen Kaufpreis gehandelt wurden. Derweil wurde der Markt von Großraumflugzeugen geradezu überschwemmt, doch für Mc Donnell Douglas war es zu spät seine DC8-Produktion wieder aufzunehmen.

Technische Daten der DC8-Versionen -10 bis -50

	-11	-12	-21	-31	-32	-33	-41	-42	-43	-51	-52	-53	-54	-55
Länge (m)	45,93	45,93	45,93	45,93	45,93	45,93	45,93	45,93	45,93	45,93	45,93	45,93	45,93	45,93
Spannweite (m)	42,57	42,57	42,57	42,57	43,38	43,38	43,38	43,38	43,38	43,38	43,38	43,38	43,38	43,38
Höhe (m)	12,89	12,89	12,89	12,89	12,89	12,89	12,89	12,89	12,89	12,89	12,89	12,89	12,89	12,89
Tragfläche (m²)	257,42	257,42	257,42	257,42	266,44	266,44	257,42	266,44	266,44	266,44	266,44	266,44	266,44	266,44
Triebwerke	JT3C-6	JT3C-6	JT4A-3	JT4A-3	JT4A-9	JT4A-11	RCo. 12	RCo. 12	RCo. 12	JT3D-1	JT3D-3	JT3D-3	JT3D-3B	JT3D-3B
Startschub (kN)	60	60	70,2	70,2	74,7	77,7	80	80	80	75,6	79,9	79,9	80	80
Reisegeschw. (km/h)	919	919	943	943	943	943	949	949	949	930	930	930	930	930
Reiseflughöhe (m)	10668	10668	10668	10668	10668	10668	10668	10668	10668	10668	10668	10668	10668	10668
Reichweite leer (km)	7786	7786	8171	10103	10103	10103	8171	10881	10881	8171	12140	12140	12140	12140
Gewicht leer (t)	54,3	54,3	56,1	58,4	58,9	58,9	58,4	58,9	58,9	56,1	58,4	60,0	60,0	60,0
Max. Startgewicht (t)	120,2	123,8	125,1	136,0	140,6	142,8	136,0	140,6	142,8	125,2	136,0	142,8	142,8	147,4
Sitzplatzkapazität	118-176	118-176	118-176	118-176	132-176	132-176	132-176	132-176	132-176	118-176	132-176	132-176	132-176	132-176
Kraftstoff-kapazität (l)*	66000 (8)	66561 (8)	66561 (8)	83600 (8) 83722 (9)	83650 (9) 83722 (9)	87277 (10) 87422 (10)	67883 (8)	87277 (10)	87277 (10)	66561 (8) 67883 (8)	83722 (9)	83722 (9) 88741 (10)	67883 (8) 88741 (10)	83722 (9) 88741 (10)

* Zahl in der Klammer bedeutet Tankanzahl pro Fahrzeug
(8) acht Flächentanks
(9) acht Flächentanks und einen Tragflächenmitteltank (Center Wing Auxiliary Tank)
(10) acht Flächentanks, einen Tragflächenmitteltank und zwei kleine zusätzliche Tanks (zählen als ein Tank) in der linken und rechten Tragflächennasenkante

2

Technischer Aufbau der DC8

Das Konzept

Für Douglas mit seiner großen Erfahrung im Bau von Verkehrsflugzeugen stand schon frühzeitig fest, dass ein Fortschritt im Luftverkehr nur darin bestand, Verkehrsflugzeuge mit Strahlantrieb zu bauen. Doch diese Idee umzusetzen, dauerte noch Jahre. Einerseits lag es an den horrenden Entwicklungskosten, andererseits an dem nicht kalkulierbaren Verkaufsrisiko, was diese neu zu entwickelnde Flugzeuggeneration mit sich brachte. Hatte man doch immer die Entwicklung der Comet vor Augen, bei der die Unfallrate einen größeren Absatz verhinderte. Mit den ersten Testerfolgen der Boeing B707 fand Douglas auch wieder den Mut, die Entwicklung der DC8 zu forcieren. Für den beschleunigten Fortgang der Arbeiten in Santa Monica waren natürlich die Ergebnisse, die aus England von der Comet-Produktion über den Großen Teich kamen, immens wichtig. So zum Beispiel alle Informationen über die Ermüdungserscheinungen in der Außenhaut der Kabine, die zu Rissen führten und damit die Ursache von mehreren Abstürzen waren. Auch die Erfahrungen mit dem Einsatz von Strahltriebwerken im zivilen Flugzeugbau wurden untersucht und ausgewertet. Hierbei spielte die Wirtschaftlichkeit eine erhebliche Rolle. Um dieses Ziel zu erreichen, war es nun sehr wichtig, zuverlässige Triebwerke zu bekommen. Dieses wiederum versprach auch Pratt & Whitney mit der Entwicklung des JT3-Triebwerkes.

Mit dem Namen „Chapultepec" übernahm Aernaves de Mexico am 30. April 1964 diese DC8-51, 204 / 45685, mit der Kennung XA-PIK.

Wie fast bei allen Großprojekten in der Luftfahrtbranche, wurde nach dem Krieg auch die Entwicklung der Triebwerke, hauptsächlich im militärischen Bereich, fortgesetzt und da hierfür das Geld zur Verfügung stand, weiterentwickelt. Pratt & Whitney als Großhersteller von Kolbentriebwerken und seit langem im Geschäft, begann 1947 mit der Weiterentwicklung des Rolls-Royce-„Nene"-Triebwerkes für das Jagdflugzeug F9F-2 Panther von Grumman. Dieses, als J42 Turbo-Wasp bezeichnete Triebwerk, ein Radialverdichter mit einem Schub von 22,26 kN (2270 kp) war das Vorläufermodell einer ganzen Triebwerksgeneration. Erst mit dem neuen J57-Triebwerk, mit dessen Entwicklung 1947 begonnen wurde, konnte eine erhebliche Leistungssteigerung erzielt werden. Dieses Aggregat, als Zweiwellen-Axialverdichter aufgebaut, erreichte einen Schub von 44,42 kN (4530 kp). Ausgestattet mit acht Triebwerken dieser Art, startete am 15. April 1952 der Prototyp eines Boeing-B-52-Bombers zu seinem Jungfernflug. In folgende Kampfflugzeuge, wie zum Beispiel der Douglas F4D „Skyray", North American F-100 „Super Sabre" und Convairs „Delta Dagger" wurde das Triebwerk-J57 eingebaut. Leicht modifiziert entstand daraus die zivile Version JT3C. Die erste Verwendung fand dieses Triebwerk mit dem Einbau in den Prototyp der B707 von Boeing, welcher am 15. Juli 1954 erfolgreich seinen Jungfernflug absolvierte.

Douglas favorisierte für seine DC8 das Triebwerk JT3C-6. Diese Weiterentwicklung entfaltete einem Schub von 60 kN (6124 kp), mit Wassereinspritzung 61,2 kN (6242 kp), und war damit das stärkste Triebwerk seiner Klasse. Es hatte eine Länge von 3,48 m, einen Durchmesser von 0,99 m und ein Gewicht von 1585 kg. Der Niederdruckverdichter bestand aus neun und der Hochdruckverdichter aus sieben Stufen, womit eine Verdichtung von 13,0:1 erreicht wurde. Die Hochdruckturbine hatte eine und die Niederdruckturbine zwei Stufen. Für die Verbrennung waren acht Brennkammern eingebaut. Der Verbrauch von Kerosin pro Stunde belief sich auf 4,7 Tonnen.

Nun hatte Douglas zwar eine Idee über das Aussehen des neuen Flugzeuges und diese bereits 1952 veröffentlicht, doch über die Ausmaße konnte man noch keine Aussage machen. Erst mit dem Erscheinen des Boeing-Entwurfs, Modell 367-80, wurde Douglas mit seinen Vorstellungen konkreter. Arthur E. Raymond, technischer Direktor der Douglas Aircraft Company fasste es Anfang 1956 wie folgt zusammen: Der überarbeitete Entwurf des neuen Flugzeuges würde eine Spannweite von 42,6 m, eine Länge von 45,9 m und eine Höhe von 12,9 m aufweisen. Das Startgewicht wurde für die Mittelstreckenversion auf 120 t und bei der Langstreckenversion auf 130 t festgelegt. Im Vergleich lag es damit deutlich über dem der Boeing B707, die es nur auf 80 t brachte. Dieses erhöhte Abfluggewicht kam durch den Mehrbedarf an Kraftstoff zustande, der in vergrößerten Tanks mitgeführt werden musste. Diverse bauliche Veränderungen waren notwendig. So zum Beispiel mussten die Tragflächenbeplankung, das Rumpfheck und die Höhenflosse verstärkt werden. Auch das Fahrwerk erhielt wegen der Startgewichtsänderung konstruktive Verbesserungen.

Oben: Die finnische Fluggesellschaft Spearair übernahm am 8. Dezember 1972 diese DC8-32, 60/45602, von National Airlines.

Unten: Dieselbe Maschine übernahm am 20. September 1974 Overseas National Airways mit der Kennung N1776R. Zur 200-Jahrfeier erhielt das Flugzeug diese Sonderbemalung.

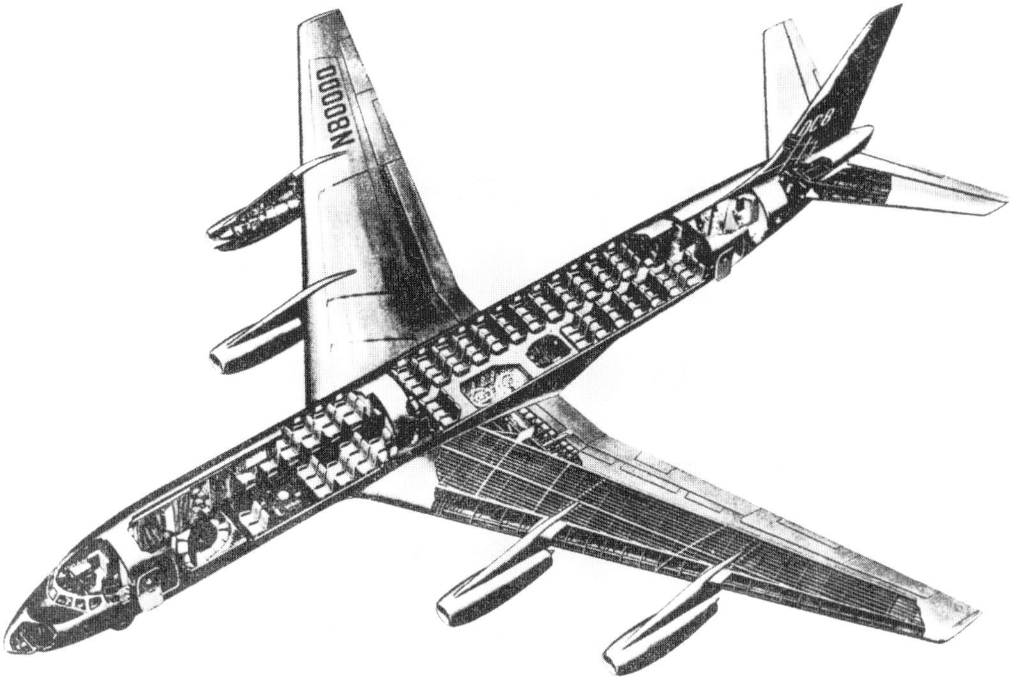

Eine erste Schnittzeichnung verdeutlicht in etwa den Aufbau der DC8. Recht gut zu erkennen die Sitzreihen mit je drei Sitzen, die eingebaute Lounge im vorderen Bereich der Kabine und der Tragflächenaufbau mit den drei Holmen. Diese Tragflächen waren als Integraltanks ausgelegt.

Äußere Unterschiede gab es keine, sodass sich auch die aerodynamischen Eigenschaften nicht veränderten. Weiterhin entschied man sich für eine Kabine, die bis zu 176 Passagieren auf drei Sitzreihen links und drei Sitzreihen rechts Platz bieten konnte.

Damit übertraf Douglas den Mitkonkurrenten Boeing mit seinem Modell -80 bei weitem, was dieser wiederum zum Anlass nahm, seinerseits die Weiterentwicklung voranzutreiben.

Für die Passagiere war man sehr bestrebt, den größtmöglichen Komfort zu bieten. Nicht nur mit einem angenehmen Sitzabstand, sondern auch mit dem Einbau einer Bar und einer Sitzgruppe, wurde dem Rechnung getragen. Neu war allerdings die Flughöhe.

Operierte die DC7 noch in einer Höhe von 7600 m, wurde mit der DC8 eine Reiseflughöhe von 10 600 m als wirtschaftlich erachtet. Um einem Differenzdruck von 0.615kg/cm^2 zur Außenluft standzuhalten, wurde die komplette Kabine mit ihren darunter liegenden Frachträumen und dem Cockpit als Druckkabine ausgelegt. Der Rumpf wurde im Querschnitt in der unteren Hälfte etwas eingeschnürt, um dadurch noch mehr Stabilität für die Druckkabine zu bekommen. Im Bereich der Kabinenfenster, die fast doppelt so groß waren wie die des Konkurrenzmusters B707, baute man Verstärkungsbleche ein, um einen Comet-Effekt, Risse in der Außenhaut und dadurch das Aufplatzen der Kabine zu verhindern. Im hinteren Bereich der Kabine musste zusätzlich ein Druckschott eingebaut werden. Für die Druckkabine benötigte man eine Menge Stauluft. Diese, auch als Ram Air bezeichnet, gelangte durch zwei große Öffnungen unterhalb der Radarnase zu jeweils zwei Turbokompressoreinheiten, wobei der Antrieb durch Triebwerksluft erfolgte. Die komprimierte, nun heiße, Stauluft gelangte dann zu einem Mischventil, in das zusätzlich stark heruntergekühlte Luft aus der Freonanlage mit eingeleitet wurde. Über ein ausgeklügeltes Verteilungssystem führte man diese wohl temperierte Luft in die Kabine und in das Cockpit. Die Temperaturwahl und die Überwachung der Anlage oblagen dem Flugingenieur. Er saß, als dritter beziehungsweise vierter Mann der Cockpit-Crew, hinter dem Copiloten auf der rechten Seite und hatte vor sich die riesige Instrumententafel, auf der sich unter anderem die Kontrollinstrumente und Regelschalter der Druck-Klima-Anlage befanden.

Zum Komfort dieses Flugzeuges zählte auch die hohe Unterschallgeschwindigkeit, welche durch die aerodynamische Form des Rumpfes, aber insbesondere durch die hervorragende Auslegung der Tragflächen erreicht wurde. Zwar war die Flügelvorderkante nicht so stark gepfeilt wie die der Boeing B707, doch wurde dieses Manko durch ein besonderes Profil ausgeglichen. Douglas experimentierte, um die Wirtschaftlichkeit zu verbessern, auch auf diesem Gebiet weiter und fand heraus, dass sich mit einer aerodynamisch geänderten Flügelnase das Dickeverhältnis reduzieren und die Flügelfläche dadurch vergrößern ließe. Diese Änderungen an den Tragflächen wurden ab dem 148. Flugzeug eingeführt.

Aus Sicht der Piloten war dieses Flugzeug sehr angenehm zu fliegen, die Handhabung war recht einfach und sehr zuverlässig. Ausschlaggebend war, dass Douglas Altbewährtes mit Neuentwicklungen sehr gut verbinden konnte. So bestand die komplette Ruderanlage aus einer Kombination von Seilzügen und hydraulischen Stellmotoren. Je nach Ruderart wählte man die Seilansteuerung oder die hydraulische Betätigung.

Die Querruder dieses Flugzeuges, die sich im äußeren Teil beider Tragflächen befanden, waren zweigeteilt ausgeführt. Sie wurden bei einer Drehbewegung des Steuerhorns über Seilzüge, die wiederum hydraulische Stellmotoren ansteuerten, ausgelenkt. Die Anlenkung erfolgt nur am inneren Segment, wobei die äußeren Querruder mit den inneren durch Torsionsstäbe verbunden waren. So wurden im Reiseflug, durch den anstehenden Luftdruck die äußeren Ruder überdrückt und nur die inneren kamen zur Wirkung. Im Langsamflug, also bei Start und Landung, unterstützen diese äußeren Querruder den Kurvenflug. Unter-

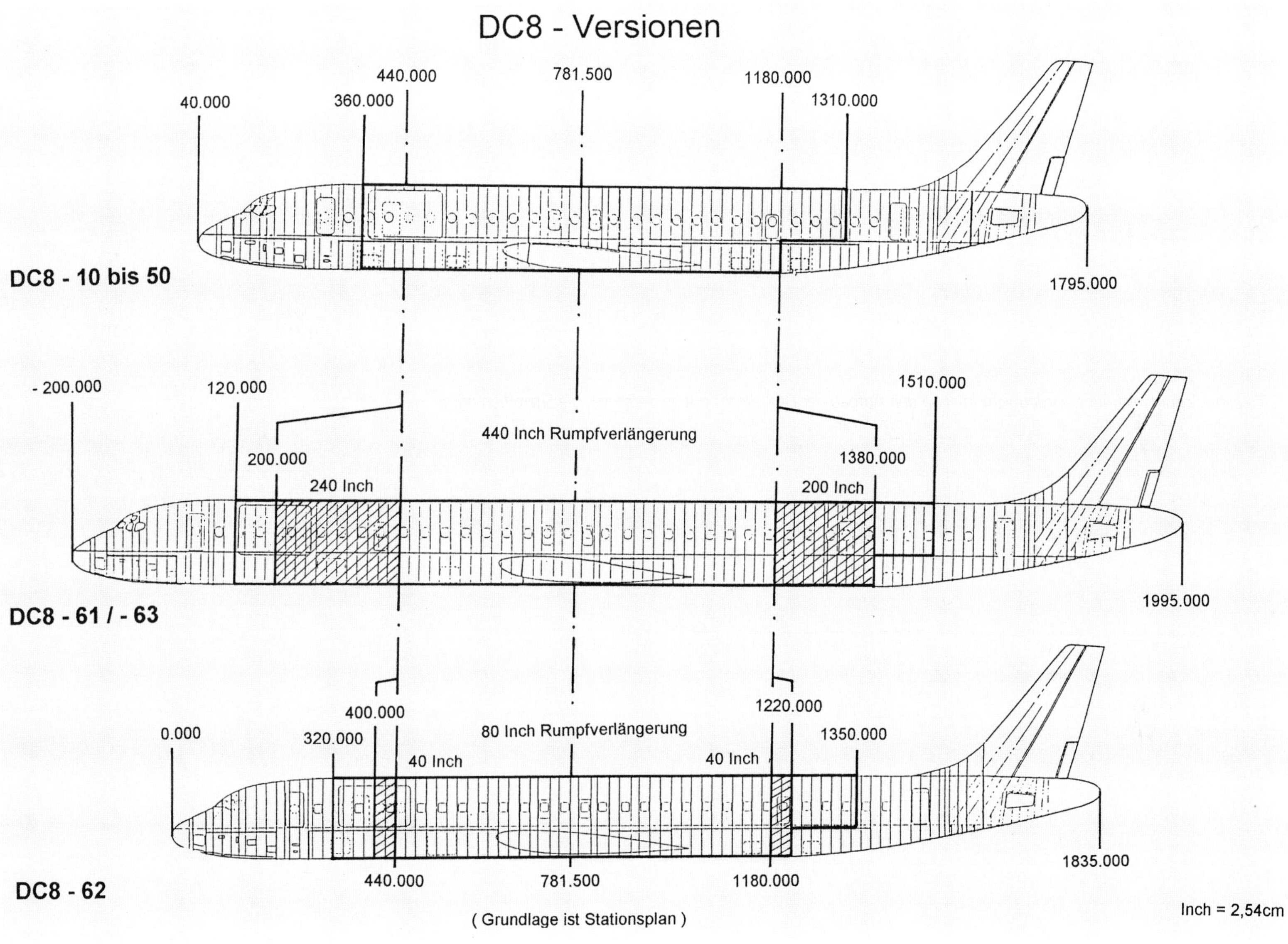

stützung erhielten die Querruder auch durch so genannte Spoilerklappen, die sich auf der Tragflächenoberseite vor den Landeklappen befanden. Im niederen Geschwindigkeitsbereich wurden, von insgesamt fünf Klappen pro Tragfläche, drei, und zwar die äußeren Klappen, zur Unterstützung der Querruder herangezogen. Nach dem Aufsetzen der Maschine aktivierte man automatisch auf beiden Seiten alle Spoilerklappen, um den Geschwindigkeitsabbau zu beschleunigen. Da diese Spoilerklappen im Fluge nicht als Bremsklappen vorgesehen waren, baute Douglas bei dem ersten DC8-Prototyp im hinteren Bereich des Rumpfes, auf der linken und rechten Seite, hydraulisch betriebene Bremsklappen ein. Das einteilige Seitenruder wurde über eine Seilzug-/Hydraulik-Kombination angesteuert Sollte das Hydrauliksystem ausfallen, so brachte man durch Auslenkung des kleinen Hilfsruders das eigentliche Ruder aerodynamisch zum Ausschlag. Ohne hydraulische Hilfe kam die Höhenruderverstellung aus. So führten Seile vom Steuerhorn zum Höhenruder. Über Gestänge wurden bei Höhenänderungen Hilfsklappen angesteuert, die dann wiederum das eigentliche Höhenruder zum Ausschlag brachten. Durch das aerodynamische Konzept dieses Flugzeuges mit seinen gepfeilten Tragflächen und dem dadurch, bei unterschiedlichen Geschwindigkeiten, veränderbaren Schwerpunkt, wurde zur Trimmung die gesamte Höhenruderflosse genutzt. Die Ansteuerung erfolgte auf drei unterschiedliche Weisen: mechanisch, durch zwei Griffe am Schubhebelkontrollstand, mit elektrischen Schaltern am Steuerhorn und durch Autopilot-Trimmsignale.

Bei den Auftriebshilfen erkennt man recht deutlich die unterschiedlichen Wege, die beide Flugzeughersteller beschritten. Boeing entwickelte dafür ein ausgeklügeltes Spaltklappensystem, bei dem je nach Ausfahrstellung, die einzelnen Klappen einen unterschiedlichen Abstand zueinander hatten und dadurch eine Erhöhung des Auftriebes beim Langsamflug erzeugt wurde. Auch waren die inneren und äußeren Klappen getrennt eingebaut. Douglas dagegen bevorzugte für die inneren und äußeren Landeklappen das herkömmliche Einklappensystem. Um den Triebwerksstrahl der beiden inneren Triebwerke bei ausgefahrenen Klappen nicht nach unten zu lenken, wurden an den äußeren Landeklappen so genannte Exhaust Gates eingebaut, welche mechanisch angesteuert, nach oben ausgelenkt wurden.

Eine unwesentliche Auftriebserhöhung erzielte man durch den Einbau von Schlitzklappen (Slots) im Vorderflügel. Douglas' Ingenieure fanden heraus, dass bei hohem Anstellwinkel die Luftströmung über den Tragflächen im Triebwerksbereich gestört wurde. So baute man in Nähe der Triebwerksaufhängungen im vorderen Flügelbereich diese Slots ein. Die damit erzielte Glättung der Luftströmung hatte eine geringe Auftriebserhöhung zur Folge.

Abhängig von der Landeklappenstellung während der Start- und Landephase werden diese Klappen nach innen geöffnet. Diese Auftriebshilfen wurden zuerst bei der Version DC8-12 eingebaut. Die hydraulische Versorgung all dieser Steuerungssysteme übernahmen Hydraulikpumpen, die an beiden inneren Triebwerken (Triebwerk 2 und 3) angebaut waren. Gespeist wurden diese Pumpen aus einem druckbeaufschlagten Behälter mit einem Fassungsvermögen von circa 50 Liter Hydaulikflüssigkeit. Das Hilfssystem wurde über eine elektrische Hydraulikpumpe versorgt. Die Steuerung dieser hydraulischen Komponente wurde vom Cockpit aus, nach konservativer Douglas-Art, nicht elektrisch, sondern mit

Die ersten Cockpit-Bilder vermittelten einen recht geräumigen und aufgeräumten Eindruck. Alle Bedienelemente waren für die Vier-Mann-Besatzung gut erreichbar.

Seilzügen vorgenommen. So konnte man mit einem großen Hebel Ventile für den Notbetrieb und den Normalbetrieb steuern. Bemerkenswert bei der gesamten Hydraulikanlage war die Tatsache, dass pro hydraulisch betriebener Anlage nur ein Hydrauliksystem zur Verfügung stand. Fiel nun dieses System durch Druckverlust aus, konnte man nur auf so genannte Akkus zurückgreifen, welche, durch einen inneren Druck vorgespannt, für kurze Zeit einen Weiterbetrieb ermöglichten. Alle hydraulischen Hauptsysteme verfügten über solche Akkus. Eine Sicherheit ganz besonderer Art war der Einbau von „Bus-Cable". Diese recht starken Seile verbinden zum Beispiel die beiden inneren Querruder miteinander und verhindern dadurch ein Ausschlagen in gleicher Richtung, wenn eines der beiden Querrudersysteme blockiert sein sollte. Ein solches „Bus-Cable" stellte auch eine Verbindung zwischen den linken und rechten Landeklappen dar und verhinderte somit das asymmetrische Aus- und Einfahren.

Das Pratt-&-Whitney-J-57-Triebwerk, ein Zweiwellen-Axialverdichter mit einem Schub von 44,42 kN (4530 kp), wurde für die amerikanische Luftwaffe entwickelt (Boeing B-52, Convair F-1 02 usw.). Es war das Basismodell für die zivile Version JT3, welches verbessert als JT3C-6 bei der DC8 zum Einsatz kam.

Wie auch bei der Boeing B707 bestand das Hauptfahrwerk aus vier Laufrädern, deren Achsen an einem Schwingarm befestigt waren. Der Schwingarm, als Teil des Federbeines, war zur Dämpfung mit Öl und Luft gefüllt. Als verkaufsfördernd, präsentierte Douglas das drehbare Fahrwerk, welches bei einem Bugradausschlag größer 45° den hinteren Schwingarm des Hauptfahrwerkes löste und nach außen schwenkte. Damit war es möglich, einen wesentlich engeren Radius zu fahren. Dieses schien notwendig, waren doch die meisten Verkehrsflughäfen noch nicht auf die neue, wesentlich größere Flugzeuggeneration eingestellt. Das linke und rechte Hauptfahrwerk fuhr zum Rumpf hin ein und wurde durch Fahrwerksklappen geschlossen. Das Bugfahrwerk mit zwei Laufrädern fuhr nach vorne ein und wurde durch zwei Klappen verschlossen. Die Betätigung des Auslösemechanismus erfolgte im Cockpit durch den Fahrwerkshebel, der beim Ausfahren zuerst das Öffnen der Klappen und anschließend das Ausfahren des Fahrwerkes bewirkte. Gebremst wurden nur die Räder des Hauptfahrwerkes mittels hydraulisch betätigter Scheibenbremsen. Das Bremsen wurde eingeleitet durch das Herunterdrücken der Seitenruderpedale. Bei Hydraulikverlust war es möglich, mit einem stickstoffbetriebenen Notsystem und einem im Cockpit befindlichen Handgriff das Flugzeug zum Stehen zu bringen.

Für die recht durstigen Triebwerke war es auch unbedingt erforderlich, genügend Raum zur Unterbringung von benötigtem Kraftstoff zu schaffen. Da es innerhalb der Kabine verboten war Tanks einzurichten, kam nur noch der Tragflügelbereich infrage. Man schuf Integraltanks. Das heißt, mit der Einbeziehung aller Rippen und Stege wurden Schlingerwände eingebaut und alles nach außen hin abgedichtet. Dazu kam der Einbau von Kraftstoffpumpen, Kreuzschaltventilen, Versorgungsleitungen und Tankmessgebern.

Acht Tanks, vier pro Tragfläche (linker Flügel, Haupttank 1 und 2, zusätzlich Reservetank 1 und 2, rechter Flügel, Haupttank 3 und 4, zusätzlich Reservetank 3 und 4), konnten für die kontinentale Version 66 600 Liter beziehungsweise 52 Tonnen Kraftstoff über eine oder mehrere Druckstationen betankt werden. Um allen Ansprüchen gerecht zu werden, wurden im Laufe der DC8-Weiterentwicklung aus den acht Kraftstoffbehältern bis zu zehn Tanks. Man umging die Vorschrift, keinen Tank im Rumpf einzubauen damit, dass man im Rumpfbereich diesen Tank Nr. 9 (Center Wing Auxiliary Tank) als Tragflächenmitteltank bezeichnete. Dieses Mittelteil verband beide Tragflächen und war außerhalb des druckbelüfteten Bereiches. Der Kraftstofftank Nr. 10 bestand aus zwei kleinen Tanks, die in der linken und rechten Tragflächenvorderkante eingebaut waren. An der großen Schalt- und Kontrolltafel im Cockpit konnte der Flugingenieur auf den Kraftstoffvorratsanzeige-Instrumenten den Tankinhalt ablesen, die Kraftstoffpumpen einschalten sowie zur Vorwahl der entsprechenden Tanks die Kreuzschaltventile in Betrieb nehmen. Elektrisch wurde der Kraftstoffablass ausgefahren. Bei Ausfall der Elektrik konnte dieser auch mit einer Handkurbel ausgefahren werden.

Mit dieser neuen, schnellen Flugzeuggeneration wurden auch wesentlich höhere Anforderungen an die Techniken im Bereich der Funknavigation gestellt. Bei einem zu erwartenden Andrang im Luftraum war es für die Hersteller von Navigationsanlagen zwingend

Bei Rolls-Royce beginnt die Serienfertigung des Conway-Triebwerks. Für die DC8 Serie 40 wurde das Triebwerk RCo. 12 vorgesehen.

Dieses Flugzeug mit der Kennung N801E wurde als DC8-11 am 21. Juni 1957 an Delta übergeben und 1963 bei Douglas zur Version -51 umgebaut. Es erhielt hauptsächlich die neuen Pratt-&-Whitney-JT3-D-Triebwerke. Diverse Test- und Demonstrationsflüge wurden mit dieser Maschine durchgeführt.

801
ELTA
Jetliner
DELTA
N801E

Das bullig wirkende Pratt-&-Whitney-JT3D-3B-Triebwerk. Bei Swissair wurden diese Triebwerke nachträglich eingebaut und so wurde aus einer DC8-32 eine -53.

erforderlich, diese auch umzusetzen. Hochpräzise Fernkompassanlagen mussten entwickelt werden. Einfach zu bedienende Funknavigationsanlagen mussten dem Piloten eine exakte Standortbestimmung anzeigen sowie in Flugplatznähe mit den Funkanflughilfen (Gleitwegempfänger) den Piloten so unterstützen, dass bei einer Anfluggeschwindigkeit von 250 km/h der Aufsetzpunkt genau getroffen wurde. Instrumente mit mehreren Funktionen konnten dem Piloten mit einem Blick den aktuellen Flugzustand anzeigen. Douglas sah für die DC8 folgende Systeme vor: zwei Fernkompassanlagen, zwei automatische Radiokompasse (ADF), zwei Funkfeuer-Empfänger (VOR /Localicer), ein Markierungsfunkfeuer-Empfänger (Marker Beacon), zwei UHF-Gleitwegempfänger (Glide Slope), eine Loran-Empfangsanlage (für Langstreckeneinsatz) und eine ATC-Sendeeinheit. Die empfangenen Funkinformationen wurden intern auf die unterschiedlichen Navigationsinstrumente aufgeschaltet. So zum Beispiel wurden die VOR- und ADF-Funksignale in die Kompassanlage mit integriert, womit man durch Zeigerstellung zur Kompassrose den jeweiligen Standort der Sendestation erkennen konnte. Die Localicer und Glide-Slope-Signale wurden in einem so genannten PDI (Pictorial Deviation Indicator) angezeigt. Dieses Instrument hatte die Aufgabe, die relative Lage des Flugzeuges zum Sollflugweg anzuzeigen, gleichgültig ob es sich um ein VOR- oder Localicer-Signal handelte. Eine horizontale Nadel wies die Abweichung zum Gleitweg. Der Flight Director errechnete die Sollfluglage und übertrug diese an senkrechte beziehungsweise waagrechte Balken in den künstlichen Horizont, wobei diese Anzeigen als Kommandoinformationen dienten. Auch der Autopilot nutzte diese Informationen, um damit den vorgewählten Kurs zu halten. Natürlich wurde auch bei Douglas darauf geachtet, die neu entwickelten Autopiloten mit in das Gesamtkonzept einzubeziehen. Die Entscheidung fiel dabei auf das von Sperry entwickelte System SP-30. Diese automatische Regelanlage war in der Lage, das Flugzeug auf dem gewünschten Kurs und auf einer vorgewählten Höhe zu

Die hinteren Räder des Hauptfahrwerks konnten nach außen geschwenkt werden, um den Kurvenradius zu verringern. Auf dem Bild ist die hoch stehende Achse zu erkennen.

halten, wobei Böeneinwirkungen mit ausgeglichen wurden. Bei Testflügen wurde eine maximale Höhenabweichung von drei Metern ermittelt. Bei einem automatischen Kurvenflug verlor die Maschine nicht mehr als sechs Meter. Der Autopilot war auch in der Lage, einem Anflugsender bis in Bodennähe (15 m Höhe) zu folgen. Das System war auch so konzipiert, dass bei einem Triebwerksausfall eine automatische Trimmung einsetzte. Ein Selbstüberwachungssytem übernahm bei einem Fehler die Abschaltung des Autopiloten. Über kleine Handrädchen war aber auch der Pilot in der Lage, einen Kurven-, Sink- oder Steigflug einzuleiten. Für die Interkontinentalversion der DC8 war ein Navigator mit an Bord vorgesehen. Er nutzte zur Langstreckennavigation das aus den Kriegstagen noch verbliebene Loran-System und einen Sextanten.

Doch die Entwicklung von Navigationsgeräten schritt unaufhaltsam fort und so überraschte der Elektronikkonzern Litton die Fachwelt mit der ersten im kommerziellen Einsatz erprobten Trägheitsnavigationsanlage. Die Testflüge mit einer DC8 von Pan American Airways und FAA Personal (amerikanisches Luftfahrtbundesamt) begannen im Jahre 1963. Die ausgewerteten Ergebnisse wurden von Litton auf einer Pressekonferenz am 7. November 1963 in Los Angeles bekannt gegeben, die im Einzelnen Folgendes beinhalteten: Kern dieser Navigationsanlage ist ein in Gas gelagertes Kreiselsystem, welches zusätzlich Informationen von sehr feinfühligen Sensoren, die Erdumdrehung registrieren, erhält. Daraus errechnet ein Computer jederzeit die entsprechende Position der Maschine. Zuerst aber gibt der Pilot über Tasten seine Position am Boden und alle weiteren für den Flug notwendigen Koordinaten in das Bediengerät ein. Nach dem Start übernimmt das System dann die Navigation.

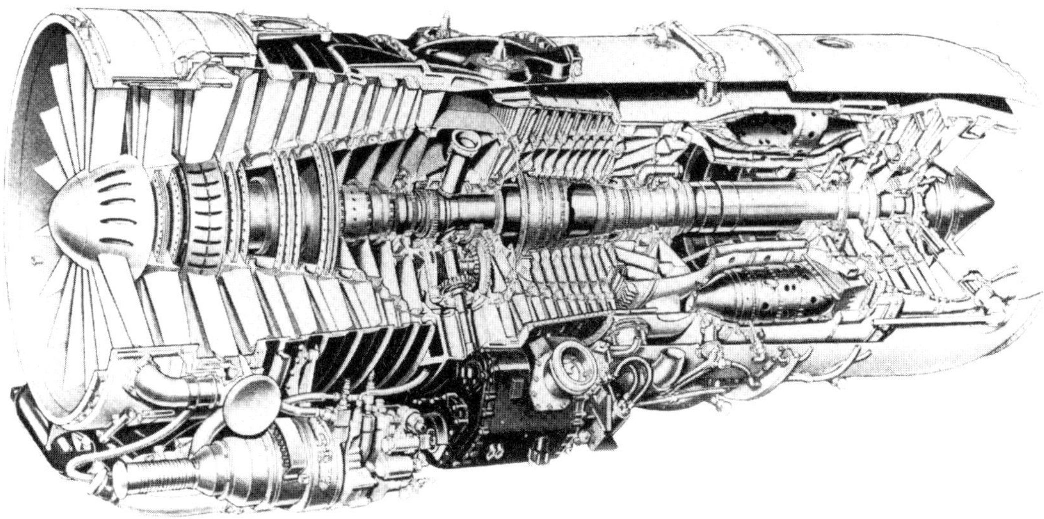

Oben: Auf dem Pariser Aerosalon 1959 war zum ersten Mal ein Schnittmodell des Pratt-&-Whitney-Triebwerks JT3-D zu sehen.

Unten: Das Rolls-Royce-Conway-Triebwerk von innen mit dem Verdichter, den Brennkammern und der dreistufigen Turbine.

Rumpfquerschnitt

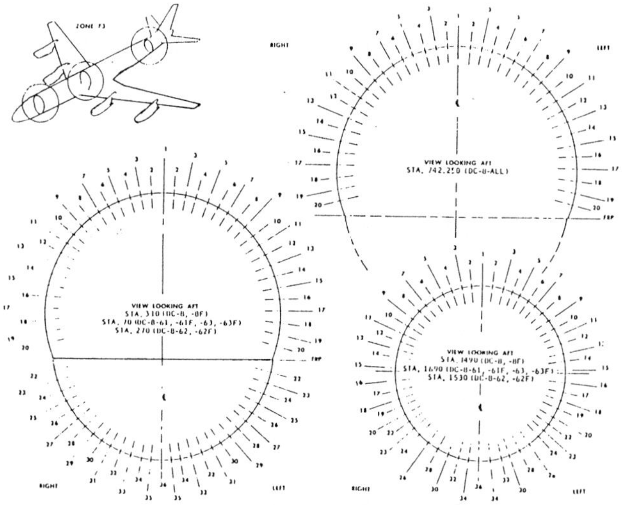

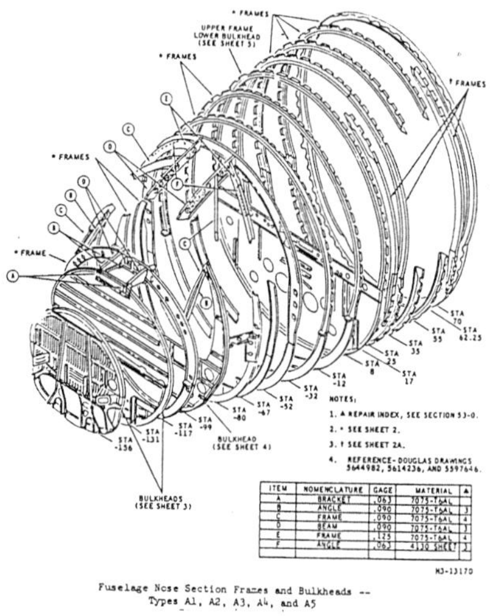

(Auszug aus dem SRM = Structur Repair Manual)

Slot System

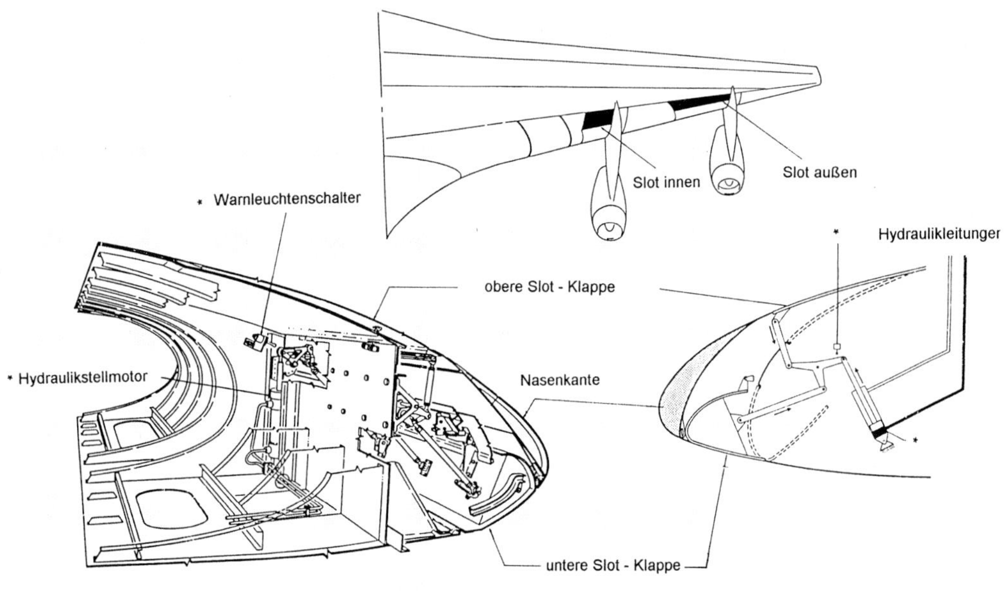

Rumpfbeplankung im Kabinenfensterbereich

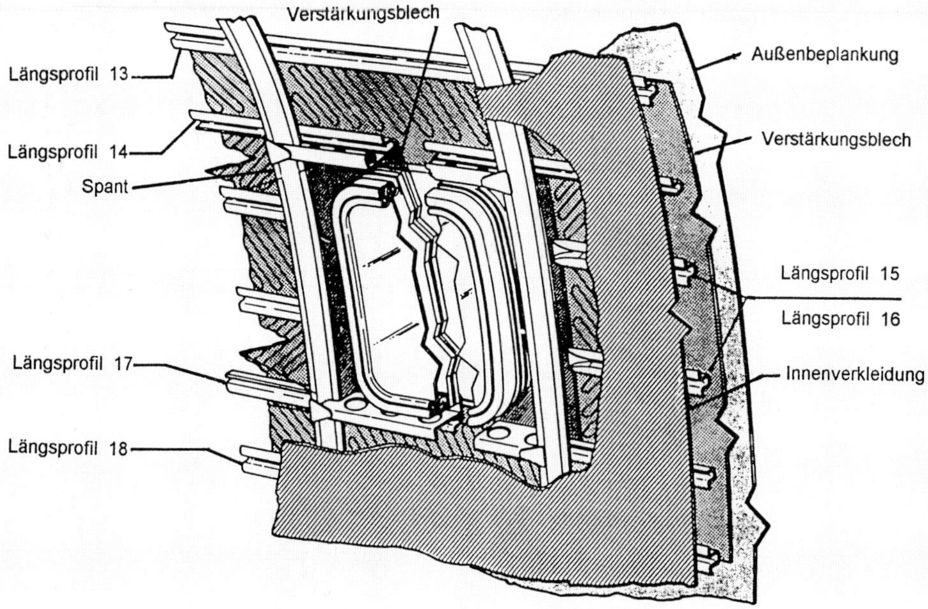

Tragflächenaufbau

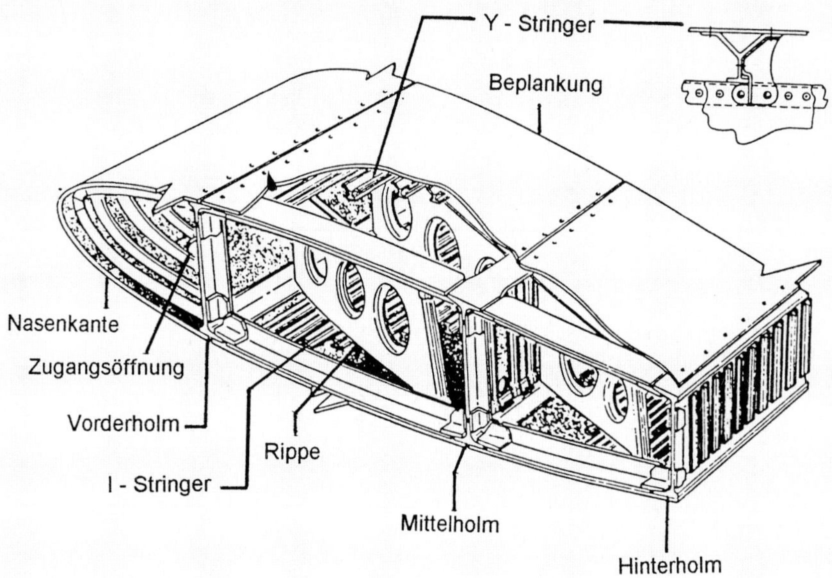

Triebwerke im Vergleich

Hersteller/Typ	Verdichter	Verd.-Verhältnis	Brennkammer	Turbine	Länge	Durchmesser	Gewicht	Schub	Spez. Verbr.
Pratt & Whitney JT 3C-6	16 Stufen	13,0 : 1	8 Flammröhren	3 Stufen	3,48 m	0,99 m	1585 kg	60,0 kN	0,79 kg/h/kp
Pratt & Whitney JT 4A-3	15 Stufen	12,0 : 1	8 Flammröhren	3 Stufen	3,66 m	1,09 m	2280 kg	70,2 kN	0,80 kg/h/kp
Pratt & Whitney JT 4A-9	15 Stufen	12,0 : 1	8 Flammröhren	3 Stufen	3,66 m	1,09 m	2313 kg	74,7 kN	0,80 kg/h/kp
Pratt & Whitney JT 4A-11	15 Stufen	12,0 : 1	8 Flammröhren	3 Stufen	3,66 m	1,09 m	2313 kg	77,7 kN	0,84 kg/h/kp
Pratt & Whitney JT 3D-1	15 Stufen	12,9 : 1	8 Flammröhren	4 Stufen	3,48 m	1,35 m	1880 kg	75,6 kN	0,52 kg/h/kp
Pratt & Whitney JT 3D-3	15 Stufen	13,5 : 1	8 Flammröhren	4 Stufen	3,48 m	1,35 m	1950 kg	79,9 kN	0,54 kg/h/kp
Pratt & Whitney JT 3D-3B	15 Stufen	13,5 : 1	8 Flammröhren	4 Stufen	3,48 m	1,35 m	1950 kg	80,0 kN	0,54 kg/h/kp
Pratt & Whitney JT 3D-7	15 Stufen	13,5 : 1	8 Flammröhren	4 Stufen	3,48 m	1,35 m	1950 kg	84,2 kN	0,55 kg/h/kp
Rolls-Royce Cobway RCo. 12	7ND-Stufen 9HD-Stufen	12,0 : 1	10 Flammröhren	2ND- Stuf. 1HD-Stuf.	3,45 m	1,07 m	2060 kg	80,0 kN	0,74 kg/h/kp
CFMI Cobway RCo. 12	4ND-Stufen 9HD-Stufen	24,7 : 1	1 Annular	1HD- Stuf. 4ND-Stuf.	2,93 m	1,83 m	2091 kg	97,9 kN	0,67 kg/h/kp

Für die Testphase wurden 103 Testflüge durchgeführt, wobei 55 Flüge über den Atlantik führten. Bei 50% aller Flüge wurde eine Fehlweisung von weniger als 2,3 Seemeilen festgestellt. Ein Nachweis als nützliches und genaues Navigationssystem wurde erbracht. Heutzutage ist dieses Trägheitsnavigationssystem aus der Luftfahrt nicht mehr wegzudenken, nutzt man doch mehr und mehr fest eingebaute Lasergyros für die hochtechnisierten Zweimann-Cockpits.

Doch zurück zu den Röhrengeräten der ersten DC8-Flugzeuge. Zur Kommunikation zwischen Kontrollturm und Cockpit wurden neu entwickelte VHF-(Very High Frequency-) und HF-(High Frequency-)Sprechfunksysteme installiert. Diese Geräte waren in ihren Abmessungen wesentlich kleiner, hatten aber trotzdem eine stärkere Ausgangsleistung. Auch ein bordeigenes Kommunikationssystem war eingebaut, um Gespräche zwischen Cockpit-Kabinenpersonal oder Ansagen vom Cockpit zu den Passagieren zu ermöglichen.

Das in dieser Form den Luftverkehrsgesellschaften angebotene Flugzeug war in seinem Konzept, wohl auch durch die lange Erfahrung im Flugzeugbau von Douglas, so ausgereift, dass es, wie die Zukunft beweisen sollte, als robustes und leistungsfähiges Flugzeug für alle Aufgaben gerüstet sein würde.

Rechte Seite, oben: So manche DC8 erlebte Abenteuerliches. Für die DC8-32, 54 / 45416 verlief bis zum Jahre 1967 alles noch geradlinig. Als HB-IDA am 22. April 1960 an Swissair ausgeliefert, wurde sie 1967 von der deutschen Südflug mit dem Kennzeichen D-ADIM übernommen und im Dezember 1967 an F. B. Ayer verkauft. Über die Greyhound Leasing und die neu gegründete Atlantis führte der weitere Weg über Thai Airways, zur United Air Leasing, wo sie zu einem Frachter (-33F) umgebaut wurde. Egyptair, ONA, Saudia, ONA waren die nächsten Stationen, bis das Flugzeug 1980 in Marana, Arizona, außer Dienst gestellt wurde. Doch bereits 1981 aktivierte man die Maschine für Systems Control Leasing, Agro Air International. Im März 1984 wurde das Flugzeug von Aeromar Airlines, Dominikanische Republik, gekauft und erhielt die Kennung HI-435 .

Unten: Das zweite Flugzeug in Jubiläumsbemalung der ONA war diese DC8-21, N1976P.

AEROMAR

ONA
USA
1776 ★ 1976

3

Für jeden etwas

Das Programm

Die erste Version der DC8 war die Serie 10. Das Flugzeug war für den inneramerikanischen Einsatz vorgesehen und hatte daher auch die geringste Kraftstoffkapazität. Das erste Flugzeug war eine DC8-11. Die Maschine hatte ein Gesamtgewicht von 120,2 Tonnen und war mit vier Pratt-&-Whitney-JT3C-6-Triebwerken, die einen Schub von 60 kN (6124 kp) entwickelten, ausgerüstet. Um die Kraftstoffverbrennung zu verbessern und die Schubleistung zu erhöhen, benötigten diese Triebwerke noch Wassereinspritzung. In den Flächentanks konnten insgesamt 66 000 Liter Kraftstoff mitgeführt werden, die eine Reichweite von 7786 Kilometern ermöglichten. Für eine standardisierte Kabinenaufteilung sah man sieben Sitze First Class und 109 Sitze Economy Class vor. Die Zulassung erhielt das Flugzeug am 31. August 1959. Delta Air Lines eröffnete als erste Fluggesellschaft den Flugbetrieb mit diesem Muster am 8. September 1959 von New York nach Atlanta. Punkt 09.20 Uhr hob die Maschine mit der Flugnummer 823 von Idlewild ab. Am selben Tag startete United Airlines mit ihrer DC8 zu ihrem Jungfernflug. Diese Flugzeuge waren bereits mit den neuen Lärmschutzdüsen und vergrößerten Triebwerksaufhängungen ausgerüstet. Mit den drei Prototypen wurden insgesamt 24 Flugzeuge dieser Version gebaut, an United Airlines (15) und Delta Air Lines (6) ausgeliefert. Alle Flugzeuge dieser Variante wurden zu einem späteren Zeitpunkt in Versionen -12, -21 und -51 umgebaut, wie zum Beispiel der Prototyp N8008D, der auch kurzzeitig bei der Deutschen Lufthansa im Einsatz war. Eine weitere Variante war die DC8-12, mit einem Gesamtgewicht von 123,8 Tonnen. Neu bei diesem Flugzeug waren die als Slots bezeichneten Auftriebshilfen. Diese Spaltklappen wurden in die Tragflügelvorderkante im Bereich der Triebwerke eingebaut. Sie hatten die Aufgabe, die Luftströmung im Triebwerks-

Oben: Diese DC8-21 wurde am 26. April 1960 an Eastern Air Lines ausgeliefert und am 7. Juni 1972 von Air Spain gekauft.

Unten: Als LN65 wurde dieses Flugzeug am 25. Mai 1960 an United Airlines ausgeliefert, zu einem Frachter umgebaut und an Southern Air Transport verkauft.

Für Tests wurde diese DC8-32, 71/45567, die für UAT vorgesehen war, noch einige Zeit von Douglas betrieben.

bereich zu glätten und dadurch als kleine Auftriebshilfe zur Unterstützung der Landeklappen bei Start und Landung zu dienen. Aktiviert wurden sie über den Landeklappenwahlschalter. Die Triebwerke erhielten zu den Lärmschutzdüsen noch neuartige Schubumkehrer, die den Bremsweg nach der Landung verkürzen halfen. Das heißt, dass nach dem Aufsetzen der Maschine mit allen vier Schubhebeln am hinteren Anschlag die Möglichkeit bestand, die Schubumkehrer zu aktivieren. Der volle Triebwerksschub wurde zur Seite umgeleitet und dadurch die Bremswirkung unterstützt. Die Zulassung erhielt dieses Modell von der amerikanischen Luftfahrtbehörde erst am 1. Juli 1960. Die vier von Douglas gebauten DC8-12-Flugzeuge erhielt Anfang 1961 United Airlines. Beide Erstbetreiber Delta Air Lines sowie United Airlines ließen ihre DC8-11-Flugzeuge auf diese neue Version umrüsten.

DC8 Serie 20

Mittlerweile hatte Pratt & Whitney einen Weg gefunden, ein stärkeres Triebwerk anzubieten. Sie modifizierten einfach das J75-Triebwerk, welches zum Beispiel in dem Jagdflugzeug Convair F-102 Verwendung fand und gaben diesem neuen Antrieb die zivile Typenbezeichnung JT4A-3. Es entwickelte einen Schub von 70,2 kN (7157 kp). Eine Wassereinspritzung war nicht mehr notwendig. Diese neue Flugmotorengeneration versprach nun endlich die erhoffte Leistung zu erbringen, die der DC8 noch fehlte. Das neue Flugzeug erhielt die Bezeichnung DC8-21 (zeitweise auch als DC8B bezeichnet) und hatte diesen Antrieb von Pratt & Whitney, das JT4A-3. Die dadurch erzielte höhere Geschwindigkeit lag nun bei 943 km/h. Das Gesamtgewicht der Maschine wurde auf 125,1 Tonnen gesteigert. Konzipiert war diese Maschine für den inneramerikanischen Verkehr. Als zweiter Prototyp der DC8-Familie gebaut, bekam dieses Flugzeug die Zulassung N8018D. Am 29. November 1958 startete dieses Flugzeug zu seinem Erstflug. Zwanzig Maschinen dieser Serie wurden von den Fluggesellschaften United Airlines, Eastern Air Lines und National Airlines geordert und weitere folgten, sodass insgesamt 34 Stück verkauft wurden. Eastern Air Lines eröffnete mit einem Einführungsflug am 24. Januar 1960 den Betrieb mit diesem Muster. Auf ganzseitigen Anzeigen wurde für den außergewöhnlichen Service geworben, wobei man auf die großzügig gestaltete Lounge, in der exklusive Gerichte serviert wurden, hinwies.

DC8 Serie 30

Mit der DC8-30 begann der internationale Einsatz mit diesem Flugzeugtyp. Zu dieser Zeit hatten bereits mehrere europäische Fluggesellschaften dieses Muster quasi vom Zeichenbrett gekauft. Sehnsüchtig wartete man bereits bei Swissair, KLM und Scandinavian Airlines System (SAS) auf deren Auslieferung. Auch die japanische Gesellschaft JAL war an einer raschen Auslieferung interessiert, zumal die amerikanische Pan American seit dem 11. Januar 1959 die Boeing B707-320 auf internationalen Strecken einsetzte. Nun war aber auch Pan American einer der Erstbesteller der DC8 und konnte somit auch diesen Flugzeugtyp zuerst einsetzen. Die erste Version war die -31. Sie hatte vier Pratt-&-Whitney-JT4A-3-Triebwerke mit einem Schub von 70,2 kN (7.157 kp)

Diese DC8-33 wurde am 31. Juni 1960 an Transport Aeriens Intercontinentaux mit der Kennung F-BIUY ausgeliefert. UTA übernahm die Maschine und verleaste sie weiter an Trabajos Aereos y Enlaces SA (EC-CCN).

und besaß noch die kürzeren Tragflächen. Die Maschine hatte ein Gesamtgewicht von 136 Tonnen und konnte 83 600 Liter Kraftstoff, bei acht Tanks oder 83 722 bei neun Tanks mitführen. Vier dieser noch unmodifizierten Maschinen wurden zwischen April und September 1960 an Pan American Grace ausgeliefert. Eingesetzt wurden diese Flugzeuge hauptsächlich zwischen Nord- und Südamerika. Doch der erste Prototyp, der die Halle verließ, war eine DC8-32. Bereits zu diesem Zeitpunkt wurde die Version neu überarbeitet und diverse Änderungen für weitere Prototypen angekündigt. So zum Beispiel die Erhöhung der Kraftstoffkapazität durch den Einbau eines Tragflächenmitteltanks. Der Erstflug dieser Maschine mit der Kennung N800PA erfolgte am 20. Februar 1959. Es war auch gleichzeitig das erste Flugzeug, das für Pan American bestimmt war. Zwei weitere Flugzeuge, N801 PA und N8068D, kamen für das umfangreiche Testprogramm zum Einsatz. Die geforderte Reichweite konnte allerdings nicht erbracht werden, da der Luftwiderstand an den Tragflächen höher war als der errechnete Wert. Abhilfe sollte eine vergrößerte Spannweite auf 43,38 m bringen. Auch wurden neue Tragflächenenden mit geringeren Widerstandsbeiwerten vorgesehen sowie die Tragflächenvorderkanten modifiziert. Bei der Version -32 konnte man das Gesamtgewicht auf 140,6 Tonnen steigern. Angetrieben wurde diese Version von vier Pratt-&-Whitney-JT4A-9-Triebwerken mit einem Schub von 74,7 kN (7620 kp) und vergrößerten Tragflächen. Für die Kurzwellen-Sende- und Empfangsanlage wurde am Tragflächenende eine Stabantenne eingebaut. Die Zulassung für dieses Muster wurde am 1. Februar 1960 erteilt. Insgesamt wurden 46 Flugzeuge der Version DC8-32 im Jahre 1960 und die letzte Maschine im Januar 1961 ausgeliefert. Der größte Abnehmer war Pan American mit 17 Flugzeugen. Danach folgten bereits europäische Fluggesellschaften wie die holländische KLM mit sieben Einheiten dieser Version. KLM war gleichzeitig der erste europäische DC8-Operator. Die Auslieferung erfolgte am 19. März 1960. Mit großen Anzeigen wurde für dieses Flugzeug geworben und versucht, das neue Fluggefühl zu vermitteln, die im Vergleich kurze Flugzeit von Amsterdam nach New York (im Verhältnis zur DC7 eine Einsparung von sechs Stunden), der vibrationsfreie Flug und der verbesserte Bordservice. Wenige Tage danach erhielt auch die skandinavische SAS ihre erste von sieben DC8-32. Das Flugzeug mit dem Namen Dan Viking erhielt eine dänische Registrierung, OY-KTA, und wurde am 31. März 1960 ausgeliefert. Auch die Swissair hatte bald darauf ihre erste DC8-32, HB-IDA mit dem Namen Matterhorn. Der Überführungsflug erfolgte am 24. April 1960 und am 30. Mai 1960 wurde der Flugbetrieb zwischen Zürich und New York aufgenommen. Mit der neuen Flugzeuggeneration wurden immer neue Rekorde aufgestellt. So meldete Swissair Anfang Juli 1960 den Rekordflug der HB-IDB „Jungfrau“. Diese DC8-32, ausgeliefert am 19. Juni 1960, brauchte für die 6340 km lange Strecke von New York nach Genf sechs Stunden und 27 Minuten. Diese Zeit entsprach einer Geschwindigkeit von 1030 km/h. Die französische UTA und UAT gehörten auch mit je einem Flugzeug zu den Abnehmern. Die japanische JAL erhielt vier und Northwest Orient in den USA fünf DC8-32. Eine zusätzliche Steigerung des Gesamtgewichts

Rechte Seite, oben: Diese DC8-33 wurde am 10. November 1960 an Pan American (N816PA) ausgeliefert. Bei Charlotte Aircraft Corp. im Juni 1974 zum Frachter umgebaut, übernahm Rich Intern. das Flugzeug am 2. August 1979 von Intercontinental Airways.

Unten: Mit dem Namen „Miyajime“ wurde die DC8-33 am 23. November 1960 an JAL (JA8005) ausgeliefert. United Air Leasing Corp. übernahm die Maschine am 5. Januar 1976 und baute sie zu einem Frachter -33F um. Rosenbalm, Emery Worldwide (wie auch an der Bemalung zu erkennen) waren die nächsten Betreiber, bis die International Airline Support Group die Maschine am 12. Dezember 1984 kaufte und an Air Trans (5N-AYZ) weiter verleaste. An Transafrik (S9-NAB) verkauft, wurde die Maschine 1989 in Johannesburg verschrottet.

RICHINTERNATIONALAIRWAYS
N8166A

IAT CARGO
INTERNATIONAL AIR TOURS
5N-AYZ

Air New Zealand übernahm 1965 das erste von sieben bestellten DC8-52-Flugzeugen. Diese Maschine (ZK-NZE), 336 / 45985 wurde am 27. Februar 1968 ausgeliefert.

AIR NEW ZEALAND

konnte nochmals mit der dritten Version -33 erreicht werden. Modifizierte Triebwerke Pratt & Whitney JT4A-11 oder -12 wurden eingebaut, die einen Schub von je 77,7 kN (7928 kp) entwickelten. Die Kraftstoffkapazität konnte auf 87 422 Liter in zehn Tanks gesteigert werden. Die Zulassung für diesen Typ erfolgte am 28. November 1960. Insgesamt wurden sieben -33-Flugzeuge gebaut. Zwischen Dezember 1960 und Juni 1961 wurden diese Maschinen an Pan American (vier, davon wurden zwei Maschinen direkt an Panair do Brasil weitergegeben), Transport Aeriens Intercontinentaux (zwei) und Japan Air Lines (eine) ausgeliefert. Diverse Flugzeuge der Version -31 wurden zu einem späteren Zeitpunkt zu Frachtern, der Version -32 zu -33 (F) beziehungsweise -33 zu -53 (F) umgebaut.

Oben: Im Jahre 1963 entstand durch den Zusammenschluss von Union Aeromaritime de Transport (UAT) und Transports Aeriens Intercontinentaux (TAI) das neue Unternehmen Union de Transports Aeriens (UTA). Diese neue Gesellschaft übernahm unter anderem die DC8-Flotte. So auch dieses Flugzeug, eine DC8-33,134 145570, mit der Kennung F-BIUZ.

Unten: Als LN 48 am 19. März 1960 an KLM (PH-DCA) ausgeliefert, führte der Weg dieser DC8-33 über Delta, Pomair, Martinair, Garuda zu Capitol International Airways, die das Flugzeug am 4. Dezember 1975 mit der Kennung N904CL übernahm.

DC8 Serie 40

Die Marktstrategen bei Douglas waren natürlich auch interessiert, Fluggesellschaften aus dem britischen Commonwealth für die Douglas DC8 zu begeistern. Man konnte dieses Ziel nur erreichen, indem man diverse Zugeständnisse machte. Beispielsweise auf dem Triebwerkssektor. Als erste Gesellschaft wurde Trans Canada Air Lines ein Angebot unterbreitet, Flugzeuge der Serie 30 mit Rolls-Royce-Conway-Triebwerken auszurüsten. Bereits Ende 1956 kam dieser Vertrag über die Lieferung von acht Maschinen zustande. Doch zu diesem Zeitpunkt hatte das dafür vorgesehene Triebwerk von Rolls-Royce noch lange nicht die erforderlichen Leistungsparameter erbracht, geschweige denn die Zulassung erhalten. Die Entwicklung dieses Mantelstromtriebwerkes reicht zurück bis in das Jahr 1948. Diese Turbine war so aufgebaut, dass ein bestimmter Anteil des Luftstroms nicht durch die Brennkammer, sondern in einem sekundären Ringspalt um den Hochdruckverdichter geleitet und erst dann wieder in der Schubdüse dem Primärstrom beigemischt wurde. Dieses Zweiwellentriebwerk besaß einen siebenstufigen Niederdruckverdichter, einen neunstufigen Hochdruckverdichter, die Brennkammer, die Hochdruckturbinenstufe und die zweistufige Niederdruckturbine. Der erste Prototyp mit der

Rechte Seite, oben: Canadian Pacific als Konkurrent zur Air Canada operiert von Vancouver aus und setzte seine DC8-43-Flotte im internationalen Flugverkehr ein. Das äußere Erscheinungsbild sowie der Schriftzug (neu, CP Air) wurden geändert. Dieses Flugzeug mit der Kennung CF-CPJ, 183 / 45661, wurde am 3. Mai 1963 übernommen.

Unten: Am 1. November 1961 an Trans Caribbean Airways ausgeliefert, kam diese DC8-51, 151/45628, mit der Kennung OH-KDM am 6. November 1972 zu KARAIR.

KARAIR FINLAND KARAIR

Alitalia war der einzige europäische Betreiber der DC8-43 mit Rolls-Royce-Conway-Triebwerken. Dieses Flugzeug, I-DIWG, mit dem Namen „Luca Tarigo" wurde am 21. Mai 1963 an Alitalia ausgeliefert.

Bezeichnung Conway RCo. 2 erbrachte einen Schub von 41,2 kN (4200 kp). Im April 1953 lief dieses Triebwerk auf einem Prüfstand 25 Stunden. Mit den Weiterentwicklungen erzielte man folgende Resultate: RCo. 5 einen Schub von 57,8 kN (5900 kp), mit RCo. 8 von 64,7 kN (6600 kp) und letztendlich dem RCo. 12, dem Triebwerk für die DC8, von 80 kN (8170 kp). Bis zum Jahre 1959 konnte mit der Version RCo. 15 zwar noch ein Standschub von 84,5 kN (8620 kp) bezogen auf Meereshöhe erzielt werden, doch kam dieses Triebwerk bei der DC8 nicht mehr zum Einsatz. Im Vergleich dazu lieferte das von Pratt & Whitney gebaute Triebwerk JT4A-12 einen Schub von 77,7 kN (7928 kp). Bis August 1959 absolvierte das Conway-Triebwerk nicht weniger als 27 000 Betriebsstunden. Die Conway-Triebwerke erlaubten es der DC8, mit einem maximalen Startgewicht von 142 Tonnen auf nur 3000 Meter langen Startbahnen zu starten. Die Reichweite wurde mit über 10 881 km angegeben. Insgesamt wurden drei DC8-Versionen, -41, -42 und -43, von Douglas angeboten. Diese entsprachen, außer den Triebwerken und den dafür notwendigen Veränderungen, der Serie 30 mit ihren Versionen -31,-32 und -33. Der Prototyp DC8-41, N6577C erhielt Ende März 1960 die Musterzulassung und am 23. Juli startete diese Maschine zu ihrem Erstflug. Trans Canada Airlines erhielt drei der vier gebauten -41-Flugzeuge. Ein Flugzeug der Version -42 wurde gebaut und am 28. April 1960 an Alitalia ausgeliefert. Von der Version -43 wurden insgesamt 27 Stück verkauft, die vom Aufbau, außer den Triebwerken, der Version -33 entsprachen. Zwischen Juni 1960 und Oktober 1965 wurden diese Maschinen an folgende Fluggesellschaften ausgeliefert: an Alitalia (14), an Trans Canada Airlines (7), an Canadian Pacific Airlines (6), wobei CP am 15. November 1961 einen Prototyp, N9604Z, von Douglas übernahm. Es war das Flugzeug, welches am 21. August 1961 mit einer Ladung von 16,5 Tonnen auf eine Rekord-

Rechte Seite, oben: Capitol mit neuem Outfit versehen, übernahm am 15. Juli 1983 diese DC8-51, 196/45648, mit der Kennung N918CL. Doch bereits ein Jahr später wurde diese Maschine in Smyrna, Tennessee, außer Dienst gestellt.

Unten: Delta Airlines übernahm am 25. August 1966 auch dieses Flugzeug mit der Kennung N821E von Douglas. Im Bestand von F. B. Ayer flog sie kurzzeitig für Machey Int. Airl., wurde aber dann in Marana außer Dienst gestellt und als Ersatzteillager genutzt.

CAPITOL
CAPITOL
SkySaver
N918CL

mackey
N821E

höhe von 15875 m stieg und dann auf einem Bahneignungsflug die Schallmauer durchbrach. In einer Höhe von 12300 m wurde eine Geschwindigkeit von 1075 km/h erzielt, was einer Machzahl von 1,012 entsprach. Trotz der hervorragenden Leistungen waren Trans Canada Airlines (später Air Canada), Canadian Pacific und Alitalia die einzigen Fluggesellschaften, die diese Muster betrieben.

DC8 Serie 50

Mit dieser Version war es Douglas möglich, ihrem stärksten Konkurrenten Boeing mit seiner B707-320 Paroli zu bieten. Dieses Flugzeug war nun auch in der Lage, im Streckeneinsatz über 10 000 km nonstop zurückzulegen. Insgesamt wurden 143 Maschinen gebaut, wobei man einen Großteil der Serie 30 auf diesen Modifizierungsstand brachte. Auch eine Fracht- beziehungsweise Kombi-Version wurde mit dem Modell -54F angeboten. Ausschlaggebend dafür war das neue, von Pratt & Whitney entwickelte Turbofan-Triebwerk JT3D. Die Entwicklung des neuen Triebwerkes begann im Jahre 1958 und bezog sich weitgehend auf das Basismodell JT3Q, wobei Berechnungen bewiesen, dass mit einem vorgeschalteten Bläser ein weit höherer Schub zu erzielen war. So setzten die Ingenieure von Pratt & Whitney einen kompletten Turbobläser-Vorsatz samt Gehäuse an Stelle der ersten drei Stator- und Rotorstufen des Niederdruckverdichters. Sie vergrößerten die dritte Turbinenstufe und bauten zusätzlich eine vierte Turbinenstufe ein. Natürlich war das noch nicht alles, die neue Welle musste, um den erhöhten Leistungsbedarf für den 140% gesteigerten Luftdurchsatz zu verkraften, verstärkt werden. Turbinengehäuse und Hauptlager wurden ersetzt. Auch die vom JT3C her bekannte Wassereinspritzanlage musste man verbessern. Alle Hilfsgeräte wurden erneuert. Zum ersten Mal baute man einen Luftstarter ein. Der Starter erhielt über ein Rohrleitungssystem von einem Luft-Bodenaggregat oder einem bereits laufenden Triebwerk die benötigte Starterluft. Mit diesem konnte man eine so hohe Drehzahl erreichen, die untersetzt ausreichte, das Triebwerk auf die entsprechende Startdrehzahl zu bringen. Folgende verbesserte Leistungen wurden für dieses Triebwerk JT3D errechnet: ein 42% höherer Startschub, 13% weniger Kraftstoffverbrauch, 10 Dezibel geringere Lärmentwicklung. Angepasst an den neuen Motor, entwickelte man einen neuen Schubumkehrer, bei

Oben: Diese DC8-43 wurde am 5. Juli 1960 an Alitalia ausgeliefert.

Unten: Iberia, Großkunde von Douglas-Flugzeugen, übernahm diese DC8-52, 188 / 45657, am 28. August 1963. Mit dem Namen „Zurburan" und demselben Kennzeichen flog sie zeitweise bei Aviaco.

Rechte Seite, oben: Eine weitere Maschine für Japan Air Lines war diese DC8-53 (JA 8011), 206 / 45664, mit dem Auslieferungsdatum 15. Juni 1964, bis die französische Fluggesellschaft Minerve diese Maschine am 2. März 1981 in ihren Bestand übernahm.

Unten: Als DC8F „Jet Trader" von Douglas weltweit angeboten, konnte dieses Flugzeug je nach Bedarf Fracht, Passagiere oder als Kombi-Version beides getrennt voneinander wirtschaftlich transportieren. Diese von Zaire Cargo betriebene DC8-54F, 9Q-CDM, 210 / 45686, wurde am 27. August 1964 an Air Canada (CF-TJQ) ausgeliefert und im Oktober 1984 von Zaire Cargo gekauft.

Minerve

ZAIRE CARGO
ZAIRE CARGO

dem nicht nur der hintere Teil der Düse verschlossen wurde, um den Schub über einen geöffneten Ringkranz zur Seite beziehungsweise nach vorne zu lenken, sondern im Bläserbereich Kaskaden, die sich öffneten, um den Fanstrom zur Seite abzulenken. Umfangreiche Änderungen an der gesamten Triebwerksaufhängung mussten vorgenommen werden. Die Gesamtlänge der Triebwerksgondel maß nun 5,25 m und der kreisförmige Lufteinlauf hatte einen Durchmesser von 1,17 m. Als Erprobungsträger wurde die erste DC8, LN 1, MSN 45252, N8008D, mit dem neuen Triebwerk JT3D-1 ausgerüstet. Es entwickelte einen Schub von 75,6 kN (7718 kp). Der Erstflug der DC8-51 erfolgte am 20. Dezember 1960. Die DC8-51 erhielt, mit einem Gesamtgewicht von 125,2 Tonnen, am 10. Oktober 1961 ihre Zulassung. Vorgesehen war dieses Muster für den kontinentalen Einsatz. Insgesamt wurden 30 Flugzeuge gebaut, wovon Delta Air Lines 15 Maschinen, die Hälfte der Produktion, erhielt. Weitere Abnehmer waren National Airlines mit sechs, Aeronaves de Mexico mit sechs, Trans Caribbean Airways mit zwei und Eastern Air Lines mit einem Flugzeug. Die etwas gewichtigere Version, sie besaß ein Gesamtgewicht von 136 Tonnen, war die mit vier Pratt-&-Whitney-JT3D-3-Triebwerken ausgerüstete DC8-52. Dieses Flugzeugmuster erhielt die Zulassung von der amerikanischen Luftfahrtbehörde am 28. April 1961. Die Kabine war für 176 Passagiere ausgelegt. United Airlines war mit 13 Flugzeugen der größte Abnehmer. Iberia mit sieben und Air New Zealand mit fünf Flugzeugen ergaben insgesamt, 25 verkaufte Maschinen dieses Typs.

Eine nochmalige Steigerung auf 142,8 Tonnen Gesamtgewicht wurde mit der Version -53 erreicht. Wie auch bei der Version -52 erzielte man die Verkaufszahl von 25 Flugzeugen. Diese interkontinentale Version wurde weltweit vermarktet. So zum Beispiel erhielt Air Canada drei dieser Flugzeuge, Japan Air Lines sechs, KLM fünf, Air Afrique zwei, VIASA zwei, Philippine Airlines, Candian Pacific Airlines und Swissair je ein Flugzeug. Für Douglas selbst flogen kurzzeitig vier Maschinen dieser Art. Die Vielfalt dieser ganzen DC8-Versionen zeigte das optimale Grundkonzept. Auch alle Folgemuster bewiesen, dass es recht einfach war, aus

Diese DC8-53, 240 / 45768, wurde am 4. November 1965 der venezolanischen Fluggesellschaft VIASA (YV-C-VID) übergeben und am 15. Juli 1974 an Aero Peru (OB-R-1083) verkauft. Zwei Jahre danach erfolgte die Rückgabe der Maschine an Douglas (N5768X). Aus der Version -53 entstand das neue Fracht-/Passagierflugzeug -54F.

Diverse DC8-Flugzeuge wurden im Laufe der Jahre zu anderen Versionen umgebaut. So auch diese DC8-52, am 27. Juli 1968 von Air New Zealand, ZK-NZD, übernommen und 1981 zur -54F umgebaut. Später übernahm Connie Kalitta (N8O6CK) diese Maschine.

dem Grundmuster eine weitere Variante abzuleiten und diese an jeweilige Erfordernisse angepasst anzubieten. Dazu gehörte auch die Fracht-/Passagierversion DC8 F „Jet Trader" oder DC8-54. Dieses Flugzeug, nun mit vier JT3D-3B-Triebwerken ausgerüstet, hatte eine zweigeteilte Kabine. Im vorderen Teil befand sich der Frachtraum und im hinteren Teil die Passagierkabine. Eine Frachtladeluke mit einer Länge von 3,56 m und einer Höhe von 2,18 m, eingebaut etwas hinter der linken vorderen Einstiegstür, ermöglichte es auch, sperrige Frachtgüter zu transportieren. Der Frachtbereich war mit einem Fahrsystem ausgerüstet, um auch einen Palettentransport zu gewährleisten. Insgesamt konnten damit 25 Tonnen Fracht befördert werden. Die im hinteren Teil des Flugzeuges befindliche Passagierkabine bot 54 Passagieren Platz. Douglas rechnete vor, dass bei einer Belegung von 27 Passagieren und dementsprechendem Frachtanteil die Betriebskosten sich decken würden und somit der Passagiertarif auf 20% reduziert werden konnte. Weltweit wurde eine groß angelegte Werbekampagne gestartet, mit der man auf die

Dieses bereits als DC8-54F ausgelieferte Flugzeug, 283 / 145886, war ab dem 10. November 1966 in Diensten von United Airlines, N80494, bis das Flugzeug von PK Finans Int. übernommen wurde. Über United Aviation Comp. gelangte die Maschine zu Trans Continental Airlines (N80491U).

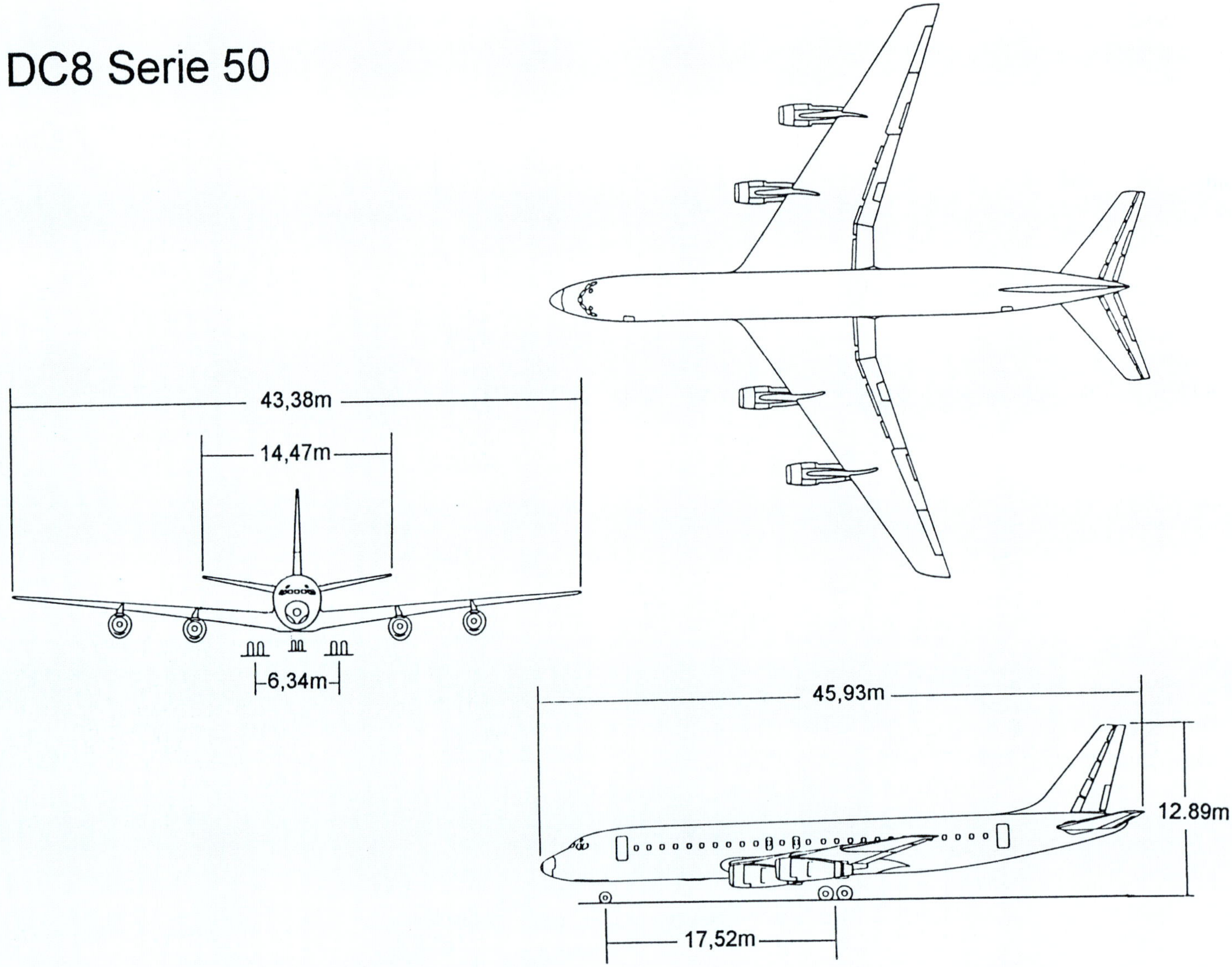

sehr günstige Kostennutzung verwies. So errechnete man für den Betrieb dieses Flugzeuges für einen Tonnenkilometer Betriebskosten von nur 12 Pfennigen. Der Erstflug der DC8-54F, LN 175, MSN 45640, mit der Registrierung N9609Z erfolgte am 29. Oktober 1962. Dieses Flugzeug wurde am 24. April 1963 an die kanadische Fluggesellschaft Trans Canada Airlines mit der Kennung CF-TJL ausgeliefert. Insgesamt wurden von den Versionen -54F und -55F 54 Flugzeuge verkauft. Allein an United Airlines wurden 15 Flugzeuge des Typs DC8-54F ausgeliefert. Trans Canada zählte fünf Maschinen zu ihrem Bestand. Das auch mit dem stärkeren Pratt-&-Whitney-JT3D-3B-Triebwerk,

welches einen Schub von 80 kN (8165 kp) entwickelte, ausgerüstete DC8-55F-Flugzeug, fand auf dem internationalen Markt mehr Anklang. Europäische, asiatische und afrikanische Luftverkehrsgesellschaften gehörten zu den Kunden. Die Produktion lief bis Ende 1968. Eine geringere Anzahl reiner Passagierflugzeuge mit dem stärkeren Triebwerk wurde im Zeitraum zwischen 1965 und 1967 produziert. Diese neun Exemplare der -55-Version wurden von Japan Air Lines (5), SAS (2), KLM (1) und ONA (1) eingesetzt.

Links oben: Eine ehemalige United Airlines DC8-54F, 340 / 45884, mit der Kennung N8050U wurde von CF Air Freight (N992CF) 1987 übernommen und im Jahre 1988 gekauft. Im Mai 1992 wurde Emery Worldwide der neue Eigentümer.

Links unten: Eines der wenigen DC8-Flugzeuge mit britischer Zulassung. Am 16. Dezember 1963 an Trans Caribbean Airways (N8783) ausgeliefert, wurde es am 20. Juli 1975 von IAS Cargo Airlines mit der Kennung G-BDDE übernommen. Die Bezeichnung British Cargo Airlines kam durch den Zusammenschluss von IAS und Transmeridian im August 1979 zustande. Kurzzeitig in Stansted außer Dienst gestellt, wurde dieses Flugzeug am 25. November 1983 an Aeromar Airlines (HI-427) verkauft.

Rechts oben: Capitol Int. Airways übernahm am 13. September 1963 diese DC8-54F, 187 / 45668, mit der Kennung N4904C. Der abenteuerliche Weg führte dann über Seaboard World Airlines, Eastern (N8740), Aviaco (EC-CQM), bis AECA Aeroservicios Ecuatorianos (HC-BLU) diese Maschine am 22. Juni 1985 übernahm. Die nächsten Betreiber waren JBQ Aviation Corp. (N355Q), TPI, CF Airfreight, bis am 3. Juni 1991 Transconsult Ltd. die Maschine übernahm und an Transportes Aereos Bolivians weiter verleaste.

Rechts unten: Hispaniola Airways charterte diese ehemalige JAL (JA8017) DC8-55, 278 / 45854, mit der Kennung N819SL von Antares Aircraft.

4

DC8-Flugzeuge bei Südflug und Atlantis

Der Ferienflieger

Als in den siebziger Jahren die Touristikbranche unglaubliche Zuwachsraten verzeichnen konnte, begannen Charterfluggesellschaften wie Pilze aus dem Boden zu sprießen.

Ein Unternehmen, welches sich als ältestes deutsches Charterunternehmen bezeichnete, durfte bei der Verteilung der Märkte nicht fehlen. Die in Stuttgart ansässige Bedarfsluftverkehrsgesellschaft Süddeutsche Fluggesellschaft mbH, abgekürzt Südflug.

Es begann damit, dass Rul A. Bückle 1952 eine bescheidene Fluggesellschaft gründete, mit der er hauptsächlich im afrikanischen Raum Auftraggeber für Gelegenheitsflüge suchte. Mit etwas Geld kaufte Bückle zwei De-Havilland-Heron-Flugzeuge, mit denen er dann doch in Deutschland Taxiflüge unternahm. Ab 1963 wurde die Startbahn des Stuttgarter Flughafens, sie musste verlängert werden, für größere Maschinen geschlossen. Diese Tatsache nutzte Südflug für sich, um mit kleineren Flugzeugen einen Zubringerdienst zu den großen deutschen Flughäfen aufzubauen. Mit den beiden Herons wurde ein gut funktionierender Flugbetrieb aufgestellt. Gute Beziehungen, zum Beispiel zu KLM, die sich daraus entwickelten, sprachen sich in der ganzen Branche herum. Der große Reiseveranstalter Scharnow erkannte hier die Möglichkeit, mit einer Kapitalspritze Südflug für das Fernreisegeschäft zu begeistern und gegebenenfalls mit einzusteigen. Zu diesem Zwecke bot man Südflug einen Beförderungsvertrag an. Mit diesem Vertrag in der Tasche gab es bei der Geldbeschaffung zum Kauf größerer Flugzeuge keine Probleme mehr. Von KLM wurden DC-7C Flugzeuge gekauft, die dann auch von ehemaligen KLM-Piloten geflogen wurden. Auch die Wartung dieser Maschinen übernahm das königlich niederländische Luftfahrtunternehmen. Insgesamt verfügte Südflug Ende 1967 über fünf DC-7C/F, eine Fokker F-27A und eine Queen Air 65.

Anfang 1966 beteiligten sich die beiden Großkunden Scharnow und Touropa als Mitgesellschafter an Südflug . Die damit verbundene Kapitalerhöhung erlaubte eine Expansion. So gerüstet und als neue Gesellschaft mit dem Namen Südflug International GmbH KG eingetragen, wurden die ersten Verhandlungen mit der Swissair geführt, frei werdende DC8-32 ab 1967 zu übernehmen. Zu diesem Zeitpunkt hatte Swissair bei Douglas sieben neue DC8-62 bestellt und wartete auf deren Auslieferung. Immer wieder verzögerte sich die Auslieferung der neuen DC8-62-Flugzeuge an Swissair und somit auch der daraus resultierende Wechsel der alten DC8-32-Flugzeuge an Südflug. Was blieb Südflug denn noch übrig, um bereits geschlossene Verträge zu erfüllen? Man musste für teueres Geld zwei Flugzeuge chartern. Notgedrungen wandte man sich an Airlift International und übernahm für kurze Zeit zwei Flugzeuge: eine Douglas DC8-54CF, LN 189, MSN 45663, mit der Registrierung N108RD und

Die erste DC8-32, D-ADIR, von Südflug auf dem Stuttgarter Flughafen.

Viel zu spät übergab Swissair ihre DC8-32 (HB-IDC, 89 / 45526) an Südflug, wo sie dann die Registrierung D-ADIR erhielt.

eine Boeing B707-120B. Trotzdem war es Südflug gelungen, als zu diesem Zeitpunkt einzigem Flugcharterunternehmen in Deutschland, Landerechte für Gruppenreisen in den USA zu erhalten. Die Unterschrift zu diesem Vertrag wurde am 30. Januar 1967 von dem damaligen US-Präsidenten Johnson persönlich geleistet. Am 7. Juni 1967 begann für Südflug eine neue Ära. Vom Frankfurter Flughafen aus startete die erste gecharterte DC8-54 mit 185 Reisenden an Bord nach Boston in den USA.

Das Richtfest für ein neues Südflug-Betriebsgebäude auf dem Stuttgarter Flughafen war gerade beendet, als das Unternehmen trotz optimistischer Prognosen ins Trudeln geriet. Hinter vorgehaltener Hand war zu erfahren, dass die beiden Mitveranstalter Scharnow und Touropa ihre Anteile wieder verkaufen wollten. Auch die Deutsche Lufthansa streckte ihre Fühler aus, um gegebenenfalls mit einzusteigen. Denn für sie und damit für ihre Tochter Condor bot sich bei einem Einstieg die Chance, an die sehr begehrten Landerechte in den USA heranzukommen. Obwohl Südflug einen Umsatz von 60 Millionen DM erwartete, war der Ausstieg der beiden Mitgesellschafter Scharnow und Touropa bereits besiegelt und Lufthansa konnte in die Verhandlungen zwecks Übernahme der Anteile einsteigen. Kurzfristig mussten circa 70 Millionen DM für die zwei bestellten DC8- (von Swissair) und zwei DC9-Flugzeuge bei Douglas aufgewendet werden. Am 13. Dezember 1967 wurde der Übernahmevertrag von der Deutschen Lufthansa auf der einen und von der Südfluggruppe Touropa, Scharnow und Rul A. Bückle auf der anderen Seite unterschrieben, in dem sich Lufthansa auch bereit erklärte, alle bestehenden Verpflichtungen zu übernehmen.

Am 23. Dezember 1967 wurde, für Südflug viel zu spät, die erste DC8-32, LN 89, MSN 45526 (HB-IDC), von Swissair übergeben und erhielt die deutsche Registrierung D-ADIR. Am 31. Dezember 1967 erfolgte der erste kommerzielle Flug unter dem Namen Südflug. Im Jahre 1968 wurde das Flugzeug von Frederic B. Ayer & Associated Inc. gekauft, aber von Südflug weiterbetrieben. Der komplette Flugplan für das Jahr 1968 wurde eingehalten, bis am 1. November 1968 die Maschine an Frederic B. Ayer & Associated Inc. zurückgegeben und am selben Tag noch von der Atlantis GmbH übernommen wurde. Die Finanzierung dieser Aktion lief über die Greyhound Financial & Leasing Corporation.

Die zweite DC8-32, LN 54, MSN 45416 (HB-IDA), von Swissair wurde, wie das erste Flugzeug, am 15. März 1968 mit deutscher Kennung D-ADIM an Südflug übergeben. Im Dezember 1968 änderte man auf der Maschine den Namen in Condor und hielt bis 31. März 1969 den Flugverkehr aufrecht. Der Verkauf an Frederic B. Ayer & Associated Inc. fand auch 1968 statt. Die Rücknahme erfolgte am 31. März 1969, wobei es auch hier am selben Tag eine fließende Übergabe an die Atlantis GmbH gab und die Finanzierung über Greyhound Financial & Leasing Corp. vorgenommen wurde.

Zu den beiden DC8, fünf DC7 und einer Queen Air gesellten sich 1968 für kurze Zeit noch zwei DC9-Maschinen, bis auch für diese beiden im Oktober das Aus kam.

Ende 1968 war der Schriftzug Südflug von allen Flugzeugen entfernt. Der harte Verdrängungskampf auf dem Chartermarkt hatte wieder einmal ein Opfer gefordert.

Hatte sich das eine Flugcharterunternehmen gerade aufgelöst, stand das nächste bereits in den Startlöchern, um diese Lücke zu füllen. Gemeint ist nicht Condor, die im Schoße der Mutter Lufthansa nun ihre Landerechte in den USA erhalten hatte, sondern ein Neuling auf dem Ferntouristikmarkt mit dem Namen Atlantis, der nun versuchte, mit Douglas-Flugzeugen auf dem umkämpften Terrain Fuß zu fassen. Die Wurzeln des neuen Unternehmens lagen im nördlichsten Bundesland unserer Republik, in Schleswig-Holstein. Eingetragen als Nordseeflug Sylter Lufttransport GmbH betrieb dieses Unternehmen eine Douglas DC3 mit 32 Sitzplätzen und beförderte größtenteils Passagiere auf die Nordseeinsel Sylt. Nach der Auflösung von Südflug traten die ehemaligen Mitarbeiter Uhlig und Will im Februar 1968 in den Dienst von Nordseeflug und brachten damit neuen Wind in das Unternehmen. Ehemalige Südflug-Mitarbeiter wurden angeworben und ein neues Konzept eines Charterunternehmens erarbeitet. Im April 1968 wurde nicht nur eine DC-7C in Betrieb genommen, sondern man änderte auch den Namen in Atlantis GmbH. Die Landerechte für die USA wurden beantragt und im September 1968 genehmigt.

Von Hamburg wurde der Hauptsitz nach Stuttgart-Echterdingen verlagert und das alte Betätigungsfeld Flugverkehr zur Nordseeinsel Sylt aufgegeben. Um in den Ferntouristikmarkt mit einsteigen zu können, das zeigte auch Südflug, brauchte man moderne Verkehrsflugzeuge. Es wurden Gespräche mit Rul A. Bückle geführt, der mittlerweile nach dem Ausscheiden bei Südflug die Europavertretung der Frederic B. Ayer & Associated Inc. übernommen hatte, die beiden nun frei werdenden DC8-32-Flugzeuge D-ADIR und D-ADIM von Südflug zu übernehmen. Man konnte sich auf einen Kaufpreis einigen und erwarb beide DC8-32 für je 4 Millionen Dollar, wobei der Vertrag eine Klausel hatte, die besagte, dass die Maschinen nach zehn Jahren wieder zurückgegeben werden mussten und die Restschuld von 3,7 Millionen Dollar damit getilgt war. Die Finanzierung wurde über Greyhound Financial & Leasing Corp. vorgenommen. Im Januar 1969 wurde die Atlantis GmbH in eine Aktiengesellschaft verwandelt und eine Kapitalerhöhung auf 12 Millionen DM beschlossen. Der Charterflugverkehr erfolgte hauptsächlich in die USA. Im Juni 1969 wurden bei Douglas zwei Flugzeuge, eine DC9-32 und eine DC8-63CF, im Wert von 75 Millionen DM bestellt. Über eine Finanzierungsgesellschaft wurde die Möglichkeit geschaffen, zusätzlich vier neue Flugzeuge zu erwerben, zwei DC9 und zwei DC8-63CF. Die Verwaltungszentrale wurde nach Frankfurt verlegt, auch im Hinblick darauf, dass man auf dem Frankfurter Flughafen den Bau einer Wartungshalle beabsichtigte. Anfang 1970 wurden die ersten beiden DC9-32 ausgeliefert und am 29. April 1970 übergab man die erste Douglas DC8-63CF, LN 527, MSN 46137. Dieses Flugzeug mit der Registrierung D-ADIX war, wie auch alle folgenden DC8-Maschinen, für eine Bestuhlung von 260 Sitzplätzen ausgelegt und konnte innerhalb kurzer Zeit in ein reines Frachtflugzeug umgerüstet werden. Auch verfügten diese neuen Maschinen über ein in der Militärluftfahrt bereits erprobtes Trägheitsnavigationssystem LTN-51. Im Zeitraum 1969/70 stieg der Umsatz von Atlantis auf 68,8 Millionen DM. Gastarbeiterflüge und die Charterflüge in die USA waren der Garant für dieses Ergebnis.

Am 15. April 1971 wurde die zweite DC8-63CF, LN 547, MSN 46143 mit dem Kennzeichen D-ADIY und am 26. Mai 1971 das dritte Flugzeug dieser Serie mit der LN 548, MSN 46145 und der Kennung D-ADIZ an Atlantis ausgeliefert . Während der kriegerischen Auseinandersetzungen zwischen Indien und Pakistan 1971 wurde für Hilfstransporte in diese Regionen eine DC8-63CF (D-ADIX) in der noch nicht fertigen Wartungshalle am Frankfurter Flughafen in ein reines Frachtflugzeug umgebaut. Da es mit der Abschreibung der beiden älteren DC8-33 nicht sonderlich voranging, plante man eine Maschine im Jahr 1971 zu verleasen. Betroffen von dieser Entscheidung war das Flugzeug D-ADIR. Am 15. April 1971 wechselte das Flugzeug zur französischen Fluggesellschaft Union Aeromaritime de Transport und kehrte am 30. September 1971 zurück. Ende 1971 wurde im Südteil des Frankfurter Flughafens die große Wartungshalle, in der auch eine DC10 und mehrere DC9 Platz fanden, eingeweiht. Über das ganze Jahr hinweg waren alle Flüge ausgebucht, und sieht man sich den Flugplan etwas genauer an, waren Flüge nach Hongkong, Chicago, Nairobi, New York oder Mexiko keine Seltenheit.

Mittlerweile war die DC8-Flotte wieder komplett. Das Betriebsergebnis 1971/72 konnte noch einmal verbessert werden, doch für den Kauf von zwei DC10-Flugzeugen war es wiederum notwendig, eine Kapitalerhöhung vorzunehmen. Dieses misslang, schlimmer noch, die Großaktionärsgruppe Schörghuber, auch Großaktionär bei Germanair und Bavaria, entzog dem Unternehmen Atlantis seine Anteile und besiegelte damit das Ende eines weiteren Charterfluguntenehmens in Deutschland. Die Konkurseröffnung für die Atlantis AG erfolgte am 20. Oktober 1972 beim Amtsgericht Frankfurt und am 31. Dezember 1972 die Betriebseinstellung. Alle DC9- sowie DC8-Maschinen wurden an die Finanzierungsgesellschaften zurückgegeben, wobei der Weiterbetrieb dieser DC8-Flugzeuge in einer Aufstellung noch einmal verdeutlicht werden soll: DC8-32, LN 54, MSN 45416 D-ADIM. Die Rücknahme von Greyhound Leasing & Financial Corp. erfolgte am 19. Oktober 1972. Das Flugzeug wurde im Januar 1973 an International Airlease weiterverkauft und an Thai Airways International (HS-TGW) verleast. Ein weiterer Verkauf an United Air Leasing Corp. (N45908) wurde am 10. Februar 1978 vorgenommen. Die Maschine wurde zu einer DC8-33F umgebaut und ein erneuter Verkauf an United Air Carriers kam am 24. Juni 1978 zustande. Worauf sich weitere Leasing-Abkommen mit Egypt Air, Overseas National Airways, Saudia und Overseas National Airways anschlossen. Kurzzeitig wurde die Maschine in Marana, Arizona, außer Dienst gestellt und zwar von August 1979 bis April 1980, um dann von United Air Leasing Corp. zurückgekauft zu werden. Die weiteren Käufer waren System Control Leasing, Agro Air International, Aeromar Airlines (HI-435) und zuletzt Air Transport Consultants. Dieses Unternehmen verpasste der Maschine das Kennzeichen HK-3178X und verleaste es im August 1985 weiter an LAC Colombia.

DC8-32, LN89, MSN 45526 D-ADIR, auch dieses Flugzeug wurde am 19. Oktober 1972 wieder an Greyhound Leasing & Financial Corp. zurückgegeben und an International Airlease verkauft. Thai Airways International leaste diese Maschine mit der Registrierung HS-TGU. Am 10. Mai 1973 verunglückte das Flugzeug in Katmandu, Nepal, nach einem mißglückten Landeanflug.

DC8-63CF, LN527, MSN 46137 D-ADIX, wurde im Dezember 1972 von Greyhound Leasing & Financial Corp. gekauft und am 18. Dezember 1972 an World Airways (N804WA) verleast. Das Leasing-Geschäft wurde munter weiterbetrieben mit Air Algerie im November 1975, anschließend wieder zurück zu World Airways, dann am 31. Juli 1978 an Cargolux, World Airways, Cargolux, Air Algerie, bis die Maschine dann vorübergehend in Roswell, New Mexico, außer Dienst gestellt wurde. Capitol Air und Transamerica übernahmen zeitweise die Maschine, bis sie im Januar 1985 von ATASCO Leasing Inc. gekauft wurde. Es erfolgte ein weiterer Verkauf an General Motors Aircraft Credit und am 3. Dezember 1985 wurde das Flugzeug an Emery Worldwide Airlines (N957R) weiterverleast.

Dieses Flugzeug (DC8-63CF, LN 527, MSN 46137) mit der Registrierung D-ADIX war für eine Bestuhlung von 260 Sitzplätzen ausgelegt und konnte innerhalb kurzer Zeit in ein Frachtflugzeug umgebaut werden.

DC8-63CF, LN547, MSN 46143 D-ADIY: Am 13. Dezember 1972 wurde das Flugzeug von GATX Aircraft Corporation gekauft und wie D-ADIX an World Airways (N805WA) verleast. Der weitere Weg führte dann über Garuda, Air Algerie, einen Zwischenstopp in Roswell, Capitol und über seinen Eigentümer am 2. Dezember 1983 zu Transamerica Airlines. Auch dieses Flugzeug wurde im Januar 1985 von ATASCO Leasing Inc. gekauft. National Airlines (N959R) war der nächste Betreiber, bis auch diese Maschine am 3. Dezember 1985 von General Motors Aircraft Credit gekauft und am selben Tag an Emery Worldwide Airlines weiter verleast wurde. DC8-63CF, LN548, MSN 46145 D-ADIZ: Das letzte Flugzeug aus der ehemaligen Atlantis-Flotte wurde auch zum selben Datum wie D-ADIX an Greyhound Leasing & Financial Corp. verkauft. Auch hier folgte das Flugzeug seinen Vorgängern zu World Airways (N806WA), Air Algerie, Garuda, Cargolux, bis zur Außerdienststellung am 13. Februar 1982. Für Overseas National Airways wurde die Maschine am 16. Juni 1982 wieder aktiviert und am 9. November 1982 an World Airways zurückgegeben. Icelandic (N921R) war der nächste Halter der Maschine, bis sie am 15. Oktober 1983 von Overseas National Airways wieder übernommen wurde. Erneut wurde an National Airways übergeben, bis nach einem kurzen Betrieb bei Capitol das Flugzeug über Air India im Dezember 1984 in den Bestand von ATASCO Leasing Inc. überging. EDS Financial Corp. kaufte die Maschine am 17. Dezember 1985 und verleaste sie am selben Tag an Emery Worldwide Airlines.

Das Flugzeug D-ADIM nach dem kurzen Gastspiel bei Condor und vor der Übernahme durch ATLANTIS.

D-ADIM

5

Kurzeinsatz von DC8-Passagierflugzeugen bei der Deutschen Lufthansa und Condor

Lückenfüller

Als Mitte der fünfziger Jahre alle großen Airlines damit begannen, ihren Flugzeugpark auf die neue Jet-Generation umzustellen, war es für die junge Deutsche Lufthansa lebensnotwendig sich auch auf die neue Situation einzustellen.

Bereits am 11. Februar 1956 wurde mit Boeing ein Vorvertrag unterzeichnet, der eine frühzeitige Weichenstellung zugunsten von Boeing-Flugzeugen vorsah. Zu diesem Zeitpunkt hatte die Boeing B707 ihren Erstflug schon lange hinter sich und Pan American Airways, ein großer Konkurrent auf der Nordatlantikroute, 20 B707 geordert. Die erste B707- 430, D-ABOB, eine Interkontinentalversion mit vier Rolls-Royce-Conway-Triebwerken, traf am 2. März 1960 in Hamburg ein. Am 17. März 1960 wurde der Flugbetrieb Frankfurt – New York aufgenommen. Nachfolgend beschaffte man die kürzere Variante, B720-030B, für Strecken nach Fernost und Südamerika. Zwei dieser Maschinen gingen jedoch durch Absturz verloren.

Das letzte der beiden Flugzeuge, D-ABOP, befand sich am 15. Juli 1964 auf einem Checkflug, als es in der Nähe von Ansbach abstürzte. Der Verlust dieser Maschine veranlasste Lufthansa kurzfristig, ein entsprechendes Fluggerät anzumieten. Ein geeignetes Boeing-Muster war so schnell nicht zu bekommen und so entschloss man sich für eine begrenzte Zeit, eine Douglas DC8 zu chartern. Ein Techniker-Team von Lufthansa reiste zu Trans International Airlines (TIA) nach Oakland in die USA, um über einen Leasingvertrag für eine angebotene DC8-51 zu verhandeln. Am 11. August 1964 wurde ein Vertrag für die Zeit vom 1. April bis 31. Oktober 1965 unterzeichnet. Die wichtigsten Punkte in diesem Papier sahen eine Bestuhlung von 153 Sitzplätzen Touristenklasse oder umrüstbar 14 Sitzplätze Erster Klasse/134 Sitzplätze Touristenklasse vor. Das Flugzeug sollte vor der Abgabe mit Lufthansa-Bemalung versehen werden. Die Cockpitcrew wurde von TIA und das Kabinenpersonal von Lufthansa gestellt. Bei näherer Betrachtung stellte sich heraus, dass es sich bei dieser Maschine um ein ganz besonderes Exemplar handeln sollte. Es war der erste DC8-Prototyp, der bereits bis zu diesem Zeitpunkt eine wechselvolle Geschichte hinter sich hatte.

Das Flugzeug DC8-11, LN 1, MSN 45252 und der Kennung N8008D, angetrieben von vier Pratt-&-Whitney-JT3C-6-Triebwerken, startete am 30. Mai 1958 zu seinem Jungfernflug. Ein umfangreiches Testflugprogramm folgte. Diverse Modifikationen wurden vorgenommen, bis hin zu einem kompletten Triebwerksaustausch. Die neue Triebwerksgeneration von Pratt & Whitney hatte einen Turbofan und die neue Bezeichnung JT3D-1. Der Erstflug dieser Maschine, nun als Muster DC8-51 bezeichnet, fand am 20. Dezember 1960 statt. National Airlines charterte das Flugzeug vom 21. Juni 1961 bis 26. Mai 1962. Am 20. Juni desselben Jahres erfolgte der Verkauf dieser Maschine an Trans International Airlines, in deren Flotte es bis zur Lufthansa-Übernahme integriert war.

Am 2. April 1965 nahm der damalige Lufthansa-Stationsleiter von San Francisco, B. Alisch, in Oakland die Maschine in Empfang. Die ersten Fluggäste bestiegen das Flugzeug am 3. April 1965 in New York zu ihrem Flug LH 823 über Frankfurt am Main nach Athen. In der Folgezeit wurde diese Maschine hauptsächlich für Nordatlantik-Charter, vereinzelt aber auch innerdeutsch eingesetzt. Die Pünktlichkeit der Maschine für insgesamt 216 Flüge unter dem Kranich wurde mit 75% angegeben. Der letzte Flug für Lufthansa fand am 31. Oktober 1965 statt. Mit der Flugnummer LH 822 brachte die DC8 zum letzten Mal Fluggäste von München über Paris nach Los Angeles. Von da aus erfolgte ohne Passagiere der nun allerletzte Flug zur TIA nach Oakland. Das Flugzeug wurde umlackiert und anschließend für ein Jahr an Canadian Pacific, CF-CPN, verleast. Danach, am 1. Oktober 1967, an Delta Air Lines in Atlanta verkauft. Fred Ayer übernahm die Maschine am 23. März 1979 in seinen Bestand, um sie einen Monat später an Aeromexico zu verchartern. Mit der Kennung XA-DOE und dem Namen „Quintana Roo" war das Flugzeug hauptsächlich im mittel- und südamerikanischen Raum unterwegs. Die Rücknahme von Fred Ayer und Umregistrierung auf N8008D erfolgte am

Rechte Seite:
Für kurze Zeit in Diensten der Deutschen Lufthansa, der erste DC8-Prototyp, Line Number 1 mit der Kennung N8008D. Zum Zeitpunkt der Übernahme hatte die Maschine bereits die neuen Triebwerke JT3D von Pratt & Whitney.

N8008D
DOUGLAS

Die ständige Umrüstung der D-ADUC wurde für Condor unwirtschaftlich und so integrierte GCS diese Maschine in ihre DC8-Flotte.

7. Januar 1982 und gleichzeitig die Stilllegung auf dem Wüstenplatz Marana in der Nähe von Tucson in Arizona.

Wie die Deutsche Lufthansa, hatte auch das Tochterunternehmen Condor das Flugzeugmuster Douglas DC8 kurzzeitig und zu unterschiedlichen Zeiten, aber mit anderen Vorzeichen in seinem Bestand. Zum ersten Mal und ohne eigenes Dazutun wurde Condor Anfang des Jahres 1969 für kurze Zeit Besitzerin einer Douglas DC8.

Durch das Aussteigen der Hauptanteilseigner Touropa und Scharnow musste sich die Südflug GmbH, Stuttgart, einen anderen Partner suchen. Nach zähen Verhandlungen übernahm die Deutsche Lufthansa den größten Anteil des Stuttgarter Unternehmens, um der Charterfluggesellschaft Condor mit dieser Übernahme auch die Landerechte in den USA zu sichern. Mittlerweile war bereits der restliche Südfluganteil im Besitz der Deutschen Lufthansa. So konnte die erste von Südflug übernommene DC8 - 32, LN 54, MSN 45416, D-ADIM, für 186 Passagiere, im Dezember 1968 mit dem Schriftzug Condor versehen werden. Für die Betriebszeit bei der Lufthansa-Tochter wurde eine Wartungsmannschaft aus Lufthansapersonal und ehemaligen Südflugmechanikern gebildet. Das Cockpit- und Kabinenpersonal hatte man von Südflug mit übernommen. Bis zur endgültigen Abgabe kam die Maschine hauptsächlich auf Strecken zum Einsatz, die vertraglich mit den Südflug-Anteilen mit übernommen wurden. Der Grund für die kurze Zeit bei Condor lag hauptsächlich darin, dass die Deutsche Lufthansa ihre Flottenpolitik sehr stark auf Boeing-Flugzeuge ausgerichtet hatte. Damit endete auch schon bald die Karriere dieser DC8 bei Condor. Bereits am 31. März 1969 wurde dieses Flugzeug an Universal Aircraft Corporation, Panama, im Besitz von Fred B. Ayer weiterverkauft.

Das nächste Experiment mit der DC8, nun aber mit der modernen Version -73, wagte Condor zwischen 1985 und 1986.

Da Fachleute von Condor anfänglich bei der Aufstellung einer German-Cargo-Technik und Einführung der DC8-73 mit beteiligt waren, dachte Condor auch über den Einsatz dieses Flugzeugtyps als Passagierjet mit 250 Sitzplätzen nach.

Die Idee war, eine zusätzliche DC8-73 zu aufen und die Möglichkeit einer saisonbe-ingten Umrüstung von einem reinen Fracht-lugzeug auf eine Passagiermaschine vorzu-ehmen. Ein Expertenteam fand das geeigne-e Flugzeug bei Arrow Air, einem in Miami, lorida, beheimateten Unternehmen.

Dieses Flugzeug hatte bereits eine sehr wech-elvolle Geschichte hinter sich. Die Ausliefe-ung dieser DC8 - 63CF, LN 490, MSN 46105, von Douglas erfolgte am 2. Oktober 1969 an Sea-board World Airlines mit der Registrierung N8641. Der weitere Weg führte über Loftleidir, Overseas National Airways zurück zu Seaboard World Airlines. Die französische Luftverkehrs-gesellschaft UTA übernahm das Flugzeug F-GATO bis zum 2. November 1977, um es dann an die amerikanische Leasing-Firma Interna-tional Air Leases zu verkaufen. Capitol Inter-national Airways übernahm die DC8 mit neuer Kennung N919CL, bis im Dezember 1982 der Umbau zur DC8-73CF erfolgte. Über einen Transfer mit International Air Leases erreichte die Maschine Arrow Air, wo sie dann die Ken-nung N919JW erhielt.

Als fünftes Flugzeug wurde am 10. Oktober 1984 diese Arrows DC8 von German Cargo Services übernommen und mit der neuen Kennung D-ADUC versehen. Die Umrüstung auf Condor Standard dauerte dann immerhin noch ein halbes Jahr, bis ab dem 1. Mai 1985 mit dem Condor-Emblem der Flugbetrieb auf-genommen wurde. Dieses Flugzeug war aus-gelegt für den Transport von 252 Passagieren. Die Besatzung bestand aus einer Dreimann-Cockpitcrew und sechs Flugbegleitern.

Am 18. Oktober 1968 endete die erste Saison mit dieser Maschine. Danach begann bei der UTA in Le Bourget, Paris, die Rückrüstung von einem Passagier- zu einem Frachtflugzeug. Alle ausgebauten Innereien wurden sorgfältig verpackt und eingelagert. Als reines Fracht-flugzeug wurde es wieder an German Cargo Services übergeben.

Vom 1. April bis zum 19. April 1986 wurde dann die Maschine in Luxemburg bei Cargolux wieder von einem Frachtflugzeug in eine Passa-giermaschine umgebaut und am 25. April 1986 der Condor überstellt. Der letzte Umbau er-folgte dann ab dem 2. November 1986 zu einem reinen Frachtflugzeug und der Überga-be an GCS. Im Juli 1987 wurden diverse Halte-rungen in der Kabine entfernt und Blinddeckel an Stelle der Kabinenscheiben eingesetzt.

Damit war die D-ADUC nun nur noch als reines Frachtflugzeug zu verwenden. Frühzei-tig endete damit auch die Karriere eines schicken und zu diesem Zeitpunkt wirtschaftli-chen Passagierflugzeuges bei der Fluggesell-schaft Condor.

Start der D-ADUC vom Düsseldorfer Flughafen.

Lufthansa

6

US-Navy-Version EC-24A

Der elektronische Störenfried

Die Douglas DC8 fand bei den US-Streitkräften kaum Beachtung.

Benötigte Tankflugzeuge, elektronische Störflugzeuge sowie Transportflugzeuge wurden bei Boeing eingekauft, denn die Entwicklung der B707 wurde hauptsächlich vom Pentagon finanziert. Das Boeing-Modell 367-80 oder auch B707-Flugzeug welches die militärische Typenbezeichnung KC-135 erhielt, bildete seit 1956 das Rückgrat der amerikanischen Tankflugzeugflotte. Auch die amerikanische Marine verfügt über mehrere NKC-135A. Die einzige Ausnahme in dieser Flugzeugkategorie ist eine DC8-54F. Dieses Flugzeug wurde als EC-24A 1987 von der US Navy übernommen und ist heute in Waco, Texas, stationiert.

Man wählte dafür die Frachtversion der DC8-54 mit verstärkter Kabine und einer seitlich eingebauten Frachtraumluke. Anfangs nur als Frachtflugzeug genutzt, wurde die Maschine nach und nach mit elektronischen Störgeräten ausgerüstet, die äußerlich durch große Antennen und Ausbuchtungen deutlich zu erkennen sind.

Zusammen mit zwei NKC-135A wird die Maschine nun von der „Fleet Electronic Warfare Support Group" (Unterstützungsgruppe zur elektronischen Kriegführung der Flotte) betrieben. Deren Aufgabe ist es, durch starke Sender auf den verschiedensten Frequenzbe-

Dieses Flugzeug, eine ex DC8-54F (JT) 276 / 45881, wurde von Electrospace System Inc. zur EC-24A umgebaut und an die US Navy übergeben. Heute steht sie eingereiht zwischen vielen anderen Maschinen auf der Davis Monthen AFB in Tucson, Arizona.

Für den Film „Hot Shots", eine Parodie auf „Top Gun", wurde diese DC8-33F, 118/45272, mit einer fiktiven Tarnbemalung versehen. Die Aufnahme entstand im November 1990 auf dem Flugplatz Mojave, Kalifornien.

reichen die Flottenverbände zu stören und somit auf elektronischem Gebiet realistische Feindberührungsszenarien darzustellen. Die Seestreitkräfte werden somit gezwungen Alternativen zu suchen, um Operationen weiter planmäßig fortzuführen.

Neben der Cockpitcrew sind zur Durchführung dieser Aufgaben noch sieben weitere Besatzungsmitglieder mit an Bord der EC-24A. Durch den Einbau zusätzlicher Tanks kann diese einzigartige und wohl teuerste DC8 über elf Stunden unbetankt in der Luft bleiben. Gewartet und unterhalten wird dieses Flugzeug sowie die beiden NKC-135A der FEWSG von der Chrysler Corporation in Waco, Texas.

Bevor die DC8-54F von der US Navy gekauft wurde, hatte das Flugzeug bereits eine stolze Flugstundenzahl auf dem Buckel. Am 28. September 1966 wurde die DC8 LN 276, MSN 45881, von United Airlines mit der Kennung N8048U übernommen. Nach achtzehnjährigem Streckeneinsatz bei United Airlines übernahm am 13. November 1984 Electrospace System Inc. diese Maschine und rüstete sie nach den Wünschen der US Navy um. So gehörten zum Beispiel die Kommunikationsstöranlage AN/ASQ -19, der starke AN/ALT- 40-Breitbandstörsender oder das elektronische Überwachungssystem AN/ALR-75 zur Ausrüstung. An sieben Kontrollstationen ist es möglich, gleichzeitig mehrere Kommunikationssysteme zu beeinflussen. Am 15. Juni 1987 wurde die EC 24A mit der Registrierung 163050 von der US Navy übernommen. An diversen Seemanövern im europäischen und asiatischen Raum war diese Maschine beteiligt.

7 *Die ORBIS DC8*
Das fliegende Klassenzimmer

Auch als fliegende Cap Anamur bezeichnet, war dieses DC8 in humanitärer Mission in der ganzen Welt zu Hause. Wie aus dem Logo am Seitenleitwerk zu erkennen, ging es um das menschliche Auge, das es zu schützen beziehungsweise zu behandeln galt. Auf der ganzen Welt gibt es circa 46 Millionen Blinde und unzählige Menschen mit Augenkrankheiten, hauptsächlich in der Dritten Welt, die auf Hilfe angewiesen sind. Die gemeinnützige Organisation ORBIS mit ihrem Hauptsitz in New York besteht seit 1982.

Von der UNO unterstützt, ist das vorrangige Ziel, weltweit und auf schnellstem Wege die neuesten Erkenntnisse im Bereich der Augenmedizin an Augenärzte und Institutionen weiterzuvermitteln. Dazu war es erforderlich, ein Flugzeug in einen Vorlese- und Operationssaal zu verwandeln. Die modernsten Geräte wie zum Beispiel ein Laserbehandlungsgerät oder das von der Firma Zeiss entwickelte und gestiftete Operationsmikroskop standen den Ärzten in dem Operationsraum zur Verfügung. Ein Videostudio mit zehn Videokameras ermöglichte eine Übertragung nicht nur in den benachbarten zwanzigsitzigen Lehrsaal, sondern auch nach außen, sodass auch in medizinisch unterentwickelten Regionen wie Afrika, Südamerika und Asien einem breiteren Publikum solche Eingriffe, die in einer voll klimatisierten Kabine stattfanden, zugänglich gemacht werden konnten. In mehrwöchigen Einsätzen wurden auf Wunsch Länder besucht, die Nachhilfe in chirurgischen Fertigkeiten in Behandlung von Augenkrankheiten wie zum Beispiel dem grauen Star, Hornhautverpflanzung oder Netzhautverletzungen benötigten. Auch Weiterbildungsseminare wurden durch die Organistion ORBIS arrangiert.

Um all diese medizinischen Instrumente und elektrischen Geräte unterbringen und betreiben zu können, musste die komplette Kabine einer Douglas DC8 umgebaut werden. Zusätzlich wurden Generatoren zur Stromversorgung und eine spezielle Klimaanlage in einen Container eingebaut. Verstaut im Frachtraum, konnte dieser überall mit hingenommen werden. Für eine Veranstaltung wurde der Container außerhalb des Flugzeuges aufgestellt, mit Verlängerungskabel und Schläuchen mit dem Flugzeug verbunden. Der Grund dafür war, das Flugzeug mit den hoch empfindlichen Instrumenten vibrationsfrei zu halten.

Eine der ältesten Maschinen wurde dafür vorgesehen. Als vierter DC8-11-Prototyp, LN4, MSN 45280 gebaut und mit der Registrierung N8038D versehen, erfolgte der Erstflug am 2. Januar 1959. Das Mittelstreckenflugzeug mit einem Gesamtgewicht von 120 Tonnen war mit vier Pratt-&-Whitney-JT3C-6-Triebwerken ausgerüstet und konnte eine Strecke von 7687 km zurücklegen. Innerhalb der Testphase bei Douglas wurde das Flugzeug auf die -12-Version umgebaut. Das Gesamtgewicht wurde auf 123,6 Tonnen gesteigert und an beiden Tragflügelvorderkanten im Bereich der Triebwerksaufhängungen, Slots eingebaut. Die Triebwerke erhielten Lärmschutzdüsen. Nach dem erfolgreichen Testprogramm wurde das Flugzeug am 16. Juni 1960 an United Airlines mit der Registrierung N8003U übergeben. Bei UAL erfolgte ein weiterer Umbau der Maschine zur Version -21. Neue Triebwerke von Pratt & Whitney des Typs JT4A-11 und ein gesteigertes Gesamtgewicht von 125 Tonnen erlaubten nur dieser Maschine eine Reichweite von 8171 km. Mit der Registrierung N220RB wurde das Flugzeug der Version DC8-21 am 12. März 1980 durch eine Schenkung an die ORBIS Incorporation New York übergeben. Die gesamten Umbauten, die bei Tiger Air Services in Burbank, Kalifornien, durchgeführt wurden, dauerten zwei Jahre. Zuerst musste noch die amerikanische Luftfahrtbehörde FAA ihre Zustimmung geben, bis das Flugzeug 1982 seinen Dienst für die Hilfsorganisation aufnehmen konnte. Die gesamte medizinische Mannschaft bestand aus 25 Personen, Ärzten, Arzthelfern und Technischem Personal. Geflogen wurde das Flugzeug von Piloten und Flugingenieuren, die diesen Job in ihrer Freizeit ausübten.

Insgesamt konnten laut ORBIS bis heute in über siebzig Ländern seit 1982 rund 18 000 Operationen oder Behandlungen durchgeführt werden. Mehr als 28 000 Ärzte und Krankenschwestern erreichte man durch diese Methode der Informationsverbreitung.

Anfang 1994 erhielt die Organisation eine Douglas DC-10 als „fliegendes Klassenzimmer", mit der dieses Programm weitergeführt wird.

„Das fliegende Klassenzimmer", die mit Operationssaal ausgerüstete DC8-21 (N220RB) von ORBIS bei einem Zwischenstopp auf Rhein/Main im Mai 1988.

8

The Super Sixties

Die fliegenden Röhren

Bereits im Jahre 1959 deuteten Zukunftsprognosen auf einen stetigen Anstieg der Passagierzahlen in den kommenden Jahren hin. Douglas, maßgeblich an diesen Berechnungen beteiligt, hatte zu diesem Zeitpunkt bereits ein Konzept parat, wie man diesen neuen Anforderungen gerecht werden könnte. Aufbauend auf dem bestehenden System der bereits vorhandenen Douglas-DC8-Palette, sollte es möglich sein, Flugzeuge zu vergrößern und dem neuesten Stand der Technik anzupassen. Gedacht war an eine DC8 mit verlängertem Rumpf, die bis zu 200 Passagiere aufzunehmen in der Lage war. Das bewährte kombinierte System Frachtraum-/Passagierkabine musste erweitert und noch verbessert werden. Douglas blieb auch seinem System treu, ein Flugzeug für inneramerikanische Strecken, eine Langstreckenversion mit verlängertem Rumpf und eine Superlangstreckenversion mit kürzerem Rumpf zu entwickeln. Parallel zur Produktion der Serie 50 entstand auf den Reißbrettern in Long Beach die Serie „Super-Sixty". Diese Muster wurden zu einem späteren Zeitpunkt zu den Versionen -71, -72 und -73 mit den neuen CFM 56-Triebwerken umgebaut.

Zusammenbau der ersten DC8-61 im Dezember 1965 in Long Beach, Kalifornien.

Serie 61

Das erste Modell dieser Serie war die DC8-61. Diese Version war für den kontinentalen Einsatz vorgesehen. Das Flugzeug hatte gegenüber der Standardversion Serie 50 einen um 11,2 m verlängerten Rumpf. Bei Station 440 000 wurde der Rumpf aufgetrennt und ein Rumpfstück von 6,1 m Länge nach vorne eingesetzt. Im hinteren Teil der Kabine, bei Station 1180.000 wurde ebenfalls ein Rumpfstück von 5,1 m Länge eingesetzt. Durch diese Verlängerung der Kabine war man in der Lage, maximal 259 Passagiere zu befördern. Die Triebwerke entsprachen jenen der DC8-55, mit vier Pratt-&-Whitney-JT3D-3 und einem Schub von 80 kN (8165 kp). In den Kraftstofftanks konnten 88 741 Liter Kerosin mitgeführt werden. Als

Rechte Seite, oben: United Aviation Services übernahm diese DC8-61, 374 / 45980, am 24. Juli 1985 von Air Canada. Im Besitz der Wilmington Trust Company wurde dieses Flugzeug mit der Kennung N48UA an UAS Engineering verleast.

Unten: Das zeitweise in die Schlagzeilen geratene Charterunternehmen Spantax zählte vier DC8-61 zu ihrem Bestand. Dieses Flugzeug (EC-CCF), 313 / 45897, wurde am 12. Februar 1973 übernommen und am 18. Oktober 1984 an Guinness Peat Aviation verkauft.

UAS
ENGINEERING, INC.
UAS

EC-CCF
SPANTAX

Bereits 1964 wurde diese Illustration von Douglas veröffentlicht, die den Größenunterschied zur herkömmlichen Version verdeutlicht.

maximale Reisegeschwindigkeit wurde 915 km/h angegeben. Als reines Frachtflugzeug wurde diese Version mit einer seitlichen Frachtraumtür im vorderen Bereich angeboten. Diese Maschine konnte 18 Paletten (2,2 m x 3,2 m) und eine Fracht von 41,5 Tonnen befördern. Die Betriebskosten lagen nicht wesentlich höher als die seiner Vorgänger. Damit war diese DC8-Generation die wirtschaftlichste ihrer Art.

Am 14. März 1966 hob das bis zu diesem Zeitpunkt längste Verkehrsflugzeug der Welt mit einer Länge von 57,12 m und einem Startgewicht von 147 Tonnen zu seinem Jungfernflug in den kalifornischen Himmel ab. Umfangreiche Testprogramme folgten, wobei es in der Hauptsache darum ging, die errechnete Stabilität dieses sehr langen Rumpfes zu bestätigen. Nach einem halben Jahr Flugerprobung erhielt dieser neue Flugzeugtyp am 2. September 1966 die amerikanische Verkehrszulassung. Viele amerikanische Luftverkehrsgesellschaften bestellten diesen Flugzeugtyp, wovon United Airlines mit 29 Maschinen das größte Kontingent übernahm.

Am 26. Januar 1967 wurde die erste DC8-61, LN 284, MSN 45813, an United Airlines mit der Registrierung N8073U ausgeliefert. Insgesamt wurden 87 Flugzeuge des Typs DC8-61 und -61CF gebaut und ausgeliefert. Folgende Airlines zählten die DC8-61 zu ihrem Bestand United Airlines (29), Eastern Air Lines (17) Delta Air Lines (12), Air Canada (7), Nationa Airlines (2), Japan Air Lines (9) und folgende Airlines betrieben insgesamt zehn DC8-61CF Trans International Airlines (3), Trans Caribbean Airlines (3), Saturn (2) und Universal Airlines (2).

Serie 62

Als wahrer Konkurrent zur Boeing B707-32C wurde die Douglas DC8-62 als Interkontinentalflugzeug mit großer Reichweite konzipiert und gebaut. Mit vollen Tanks konnte eine Strecke von 12 445 km, oder von 9600 km be voller Zuladung nonstop zurückgelegt werden Der Rumpf wurde nur gering verlängert, um dieselbe Sitzplatzkonfiguration wie die der B707 zu erhalten. Das wurde dadurch erreicht, dass man bei Station 440.000 und bei Station 1180.000 ein circa ein Meter langes Rumpfstück einsetzte, womit man eine Gesamtlänge von 47,97 m erreichte. So erzielte man eine Sitzplatzkapazität von 189. Die Tragflächen wurden auf eine Spannweite von 45,23 m gestreckt. Dadurch konnte man das Tankvolumen auf über 92 000 Liter Kraftstoff erhöhen. Eine Weiterentwicklung des bekannten Pratt-&-Whitney-JT3D-Triebwerkes sah man für dieses Flugzeug vor. Es hatte die Bezeichnung JT3D-3B und entwickelte einen Schub von 80 kN

Rechte Seite, oben: Diese DC8-62, 322 / 45921, wurde am 11. Januar 1968 an SAS (SE-DBG) ausgeliefert. Bei Air Traffic Service Corp. im Dezember 1986 zur DC8-62AF umgebaut. Cargosur übernahm dieses Flugzeug am 24. Dezember 1988 von Avengair.

Unten: Eine von der kanadischen Charterfluggesellschaft Nationair geleaste DC8-62, 319 / 45920, mit der Kennung C-GMXY in Diensten von Zambia Airways.

CARGOSUR
EC-230
EC-230

Zambia Airways

Die erste von 17 DC8-61-Flugzeugen, die für Eastern Airlines bestimmt war. Diese Maschine wurde am 30. April 1967 ausgeliefert.

N8778

Links oben: Die ehemalige „Aargau“ der Swissair (HB-IDL) wurde am 15. Juni 1984 von Capitol mit der Kennung N924CL übernommen.

Rechts oben: Mit der Kennung OH-LFR wurde diese DC8-62CF am 27. Januar 1969 an Finnair ausgeliefert und im April 1969 mit der Kennung OH-LFT versehen. Mittlerweile in Diensten der französischen Luftwaffe als F-RAFG ist sie zur -72CF umgebaut.

Links unten: Ausgeliefert wurde dieser „Kanarienvogel“ am 13. November 1967 an Braniff Airways (N1807), bis im November 1983 International Air Leases diese Maschine übernahm.

Rechts unten: Ausgeliehen wurde diese Maschine am 22. Oktober 1970 an SAS (LN-MOC), bis sie am 31. März 1979 in den Besitz von Thai Airways Int. (HS-TGS) überging. Bei der thailändischen Luftwaffe trägt sie die Kennung 60109.

(8158 kp). Dieses Triebwerk kam auch bei der Boeing B707 zum Einbau. Komplett überarbeitet wurde die Triebwerksaufhängung. Alle Vorgänger sowie das Boeing-Konkurrenzmuster, besaßen Triebwerksaufhängungen, die aerodynamisch über die Tragflächen hinweg gezogen waren. Neue Windkanalversuche ergaben einen erhöhten Luftwiderstand an den Übergängen. Douglas' Ingenieure konstruierten eine neue Aufhängung, die unterhalb der Tragflächennasenkante angebaut wurde. Sie war etwas länger, hatte aber eine geringere Neigung. Das neue Triebwerk JT3D-3B wurde komplett ummantelt. Bei der DC8 Serie 50 und Serie 61 wurde der Fanstrom noch im vorderen Teil nach außen geführt. Bei dieser Version führte man den Fanstrom in zwei seitlich angebrachten, nierenförmigen Kanälen nach hinten. Vor der Sekundärdüse vereinigten sich beide Kanäle zu einem Ring. Durch den kleiner werdenden Querschnitt wurde somit der Fanstrom noch beschleunigt. Durch die ringförmige Anordnung der Sekundärdüse bildet sich ein kühler Mantelluftstrom um den Abgasstrahl. Der Lärm, normalerweise durch den Abgasstrahl verursacht, wurde derart gemildert, dass ein Schalldämpfer nicht mehr

Delta Air Lines hatte auch einige DC8-61 in ihrem Bestand, die nacheinander mit CFM-56-Triebwerken ausgerüstet, zur -71 umgebaut wurden.

nötig war. Der Schubumkehrer wurde so umkonstruiert, dass nur hydraulisch betätigte Umlenkklappen am Hinterteil der Schubdüse den Umkehrschub bewirkten. Aktiviert wurden diese Klappen, wie bei anderen Flugzeugtypen auch, durch die Schubumkehrhebel im Cockpit. Wie bereits bei der Douglas DC8-61, begann die Entwicklung bereits vor 1965. Doch der Erstflug der DC8-62, LN270, MSN 45822, ließ noch einige Zeit auf sich warten, denn erst am 29. August 1966 konnte dieser durchgeführt werden. Bei den folgenden umfangreichen Testprogrammen wurde nicht nur das allgemeine Flugverhalten der Maschine getestet beziehungsweise die errechneten Leistungswerte überprüft, sondern die Maschine auch auf Allwetterlandungen vorbereitet. Für dieses Flugzeug benutzte Douglas die Registrierung N1501U und als LN-MOO wechselte es am 20. September 1967 den Besitzer, der von nun an Scandinavian Airlines System hieß. Leider stürzte diese Maschine am 13. Januar 1969 im Landeanflug vor Los Angeles ins Meer. Die erste Maschine, die vom Band lief, war auch für SAS bestimmt. Als LN 279, MSN 45823, wurde sie am 3. Mai 1967 von Douglas mit der schwedischen Registrierung SE-DBE übergeben. Auch dieses Flugzeug stand unter keinem guten Stern, denn am 19. April 1970 brannte dieses Flugzeug auf dem Taxiweg in Rom-Fiumicino aus.

Zwischen zwei DC8-43 geparkt, die neue DC8-62H (I-DWW), 516 / 46098, die am 10. Februar 1970 ausgeliefert wurde.

Für den interkontinentalen Flugverkehr war die DC8-62 geradezu ideal. Viele internationale Fluggesellschaften gehörten daher auch zu den ersten Kunden, denn immerhin wurden 67 Flugzeuge verkauft. Insgesamt wurden von der Serie 62 vier Varianten angeboten: Die Version -62 als reines Passagierflugzeug, die Version -62H mit einem gesteigerten Gesamtgewicht, die Version -62CF als Combi/Freighter, eine Fracht-/Passagiermaschine, die Version -62 CFH als Combi/Freighter, eine Fracht-Passagiermaschine mit einem gesteigerten Gesamtgewicht, und zuletzt die Version -62AF, All Freighter, als reines Frachtflugzeug. Die Produktion erstreckte sich von 1967 bis 1972 mit der Auslieferung an folgende Airlines:

SAS erhielt sechs Flugzeuge der Version -62, ein Flugzeug -62AF und zwei -62CF. Bei Braniff Airways verteilten sich die Versionen wie folgt: sechs -62 und eine Maschine -62CF. Swissair erhielt fünf Flugzeuge der Version -62 und zwei Flugzeuge -62CF. Die französische UTA erhielt auch vier -62-Flugzeuge. Japan Air Lines sieben -62, drei -62H und fünf -62AF. Alitalia ein Flugzeug der Version -62, sieben -62H und zwei –62CFH. United Airlines kaufte zehn -62H und Finnair benötigte zwei Flugzeuge dieser Langstreckenversion -62CF.

Serie 63

Die beste Lösung aller bisherigen DC8-Versionen war eine Kombination beider „Super Sixty"-Vorgänger. Verbindet man beide Konstruktionen, einmal die lange Röhre der Serie 61 für kontinentalen Einsatz, den neuen, wesentlich verbesserten Flügel, das stärkere JT3D-7-Triebwerk und die damit verbundenen geänderten Triebwerksaufhängungen der Serie 62, musste diese doch das Nonplusultra im Flugzeugbau bedeuten. Ein Langstreckenflugzeug mit großer Wirtschaftlichkeit. Wie bereits der Vorgänger der Serie -61 hatte dieses Flugzeug den um 11,25 m verlängerten Rumpf. Von der Serie -62 wurden die Tragflächen mit den modifizierten Triebwerksaufhängungen übernommen. Von Pratt & Whitney kamen die neuen JT3D-7-Triebwerke zum Einbau. Mit diesen Triebwerken und dem Schub von 84,5 kN (8618 kp) erzielte die DC8-63 eine Geschwindigkeit von 941 km/h und die Reichweite betrug leer 11 297 km. Insgesamt vier Versionen wurden angeboten: die Passagierversion -63, mit der Möglichkeit zum Umbau in ein Frachtflugzeug (strukturell verstärkt) -63PF, ein reines Frachtflugzeug mit einem seitlichen Frachtraumtor „All Freighter" -63AF und die Mixversion -63CF, „Convertible Passenger/Freight", mit dem es möglich war, im hinteren Teil der Kabine Passagiere und im vorderen Teil Fracht zu transportieren. Auch diese Version hatte ein seitlich angebrachtes Frachtraumtor. Dass diese Rechnung aufging, belegen die Verkaufszahlen. Denn immerhin wurden zwischen 1967 und 1972 107 DC8-63 in

Oben: Zur DC8-63-Flotte der Iberia zählte auch eine umrüstbare DC8-63CF, 416 / 45988, mit der Kennung EC-BMZ.

Mitte: Zeitweise in Marana, Arizona, abgestellt, diese DC8-63 von Air Canada.

Unten: Zwischenzeitlich in Marana, Arizona, abgestellt, gehörte dieses Flugzeug, eine DC8-62CFH (N3931A) 361 / 45961, der Aerolease International Inc.

Bestellungen der DC8-„Super Sixty"-Versionen

Fluggesellschaft/Hersteller	Typ	Anzahl	Auslieferungszeitraum
Douglas (Prototypen)	-61	1	März '66 – '68
	-62	1	
	-62H	1	
	-62CF	1	
Eastern Airlines	-61	17	Feb. '67 – Dez. '69
	-63PF	6	
Delta Air Lines	-61	12	Apr. '67 – Nov. '69
	-61H	1	
SAS	-62	6	Mai '67 – Mai '72
	-62CF	3	
	-63	6	
National Airlines	-61	2	Juni '67 – Apr. '68
United Airlines	-61	29	Aug. '67 – Okt. '69
	-62H	10	
Braniff	-62	6	Aug. '67 – Nov. '69
	-62CF	1	
Air Canada	-61	7	Sep. '67 – Mai '70
	-63	13	
Swissair	-62	5	Nov. '67 – Feb. '70
	-62CF	2	
Alitalia	-62	1	Nov. '67 – März '71
	-62H	7	
	-62CFH	2	
Trans Caribbean Air	-61CF	3	Dez. '67 – Feb. '68
Saturn	-61CF	2	Dez. '67 – Jan. '68
CP Air	-63	4	Jan. '68 – Juni '68
UTA	-62	4	Feb. '68 – Mai '69
JAL	-61	9	Apr. '68 – März '72
	-62	7	
	-62AF	5	
	-62H	3	
Universal	-61CF	2	April '68
Seaboard World Airways	-63CF	12	Juni '68 – Okt. '69
KLM	-63	10	Juni '68 – Juni '70
Flying Tiger	-63CF	10	Juni '68 – Okt. '69
	-63AF	7	
Capitol	-63CF	4	Aug. '68
Iberia	-63	5	Aug. '68 – Dez. '70
	-63CF	1	
ONA	-63CF	4	Sep. '68 – Apr. '72
Airlift	-63CF	4	Sep. '68 – Sep. '69
VIASA	-63	2	Dez. '68 – Mai '69
Finnair	-62CF	2	Jan. '69 – März '69
Trans International Airlines	-63CF	10	Apr. '69 – Mai '70
American Flyers Airlines	-63CF	2	Apr. '70 – Mai '70
Atlantis	-63CF	3	Apr. '70 – Mai '71
Air Afrique	-63CF	1	Mai '70
World Airways	-63CF	3	Juli '70 – Juli '71
Air Congo	-63CF	2	Nov. '70 – Juli '71
Total		**262**	

Technische Daten der DC8-„Super Sixty"-Versionen

	-61	-62	-63
Länge (m)	57,12	47,97	57,12
Spannweite (m)	43,38	45,23	45,23
Höhe (m)	13,1	13,1	13,1
Tragfläche (m^2)	268,0	272,0	272,0
Triebwerke	JT3D-3B	JT3D-3B	JT3D-7
Startschub (kN)	80	80	84,5
Reisegeschw. (km/h)	915	928	941
Reiseflughöhe (m)	10668	10668	10850
Reichweite leer (km)	9408	12445	11279
Gewicht leer (t)	68,0	65,0	71,0
Max. Startgewicht (t)	147,0	159,0	161,0
Sitzplatzkapazität	251	189	161
Kraftstoffkap. (l)	88741	90800	91760

den Versionen -63, -63AF, -63CF und -63PF ausgeliefert. Davon waren 40 Maschinen reine Passagierflugzeuge, sechs davon mit verstärkter Kabine, sieben reine Frachtflugzeuge und 56 Flugzeuge der -63CF-Version.

Am 10. April 1967 startete das erste Flugzeug, LN286, MSN 45903, dieser Serie -63 mit der Registrierung N1503U zu seinem Erstflug. Diese Maschine wurde am 8. November 1967 an KLM übergeben. Mit der Registrierung PH-DEA war sie eine von zehn Maschinen dieser Version. SAS erhielt sechs Flugzeuge, Iberia fünf, Air Canada 13, CP Air vier und zwei VIASA. Eastern Air Lines erhielt 1969 sechs Maschinen der Version -63PF. Von der reinen Frachtversion -63AF wurden sieben Flugzeuge an Flying Tiger verkauft und zwischen Oktober 1968 und April 1969 ausgeliefert. Mit 56 ausgelieferten Flugzeugen war die Version -63CF die meistverkaufte. Die Aufteilung auf die einzelnen Fluggesellschaften sah wie folgt aus: Zwölf an der Zahl erhielt Seaboard World Airlines, gefolgt von Flying Tigers mit zehn Maschinen und

Wie auch Alitalia setzte Swissair auf die neue DC8-Generation. Die zweite DC8-62 (HB-IDF), 319 / 45920, wurde am 2. Januar 1968 ausgeliefert.

Trans International Airlines mit ebenfalls zehn Maschinen. Im Folgenden Fluggesellschaften, die sich nur mit ein paar begnügten: Overseas National Airways mit vier Maschinen, Capitol mit vier, Airlift International mit vier, Atlantis mit drei, World Airways mit drei, American Flyers und Air Congo mit je zwei, Air Afrique mit einer und nicht zuletzt Iberia auch nur mit einem Flugzeug dieser Version. Das überhaupt letzte DC8-Flugzeug, welches bei Mc Donnell Douglas vom Band lief, war eine DC8-63. Dieses Flugzeug, LN556, MSN 46163, wurde am 12. Mai 1972 an die skandinavische SAS mit der Registrierung SE-DBL übergeben. Leider erkannte die Geschäftsführung von Mc Donnell Douglas zu diesem Zeitpunkt noch nicht die Wertsteigerung, die dieser Flugzeugtyp erfahren sollte.

Im Landeanflug befindet sich auch diese DC8-63CF (N796FT, 488 / 46104) von Flying Tigers. Umgebaut zu einer DC8-73CF ist das Flugzeug heute noch für Emery Worldwide Airlines im Einsatz.

DC8-62

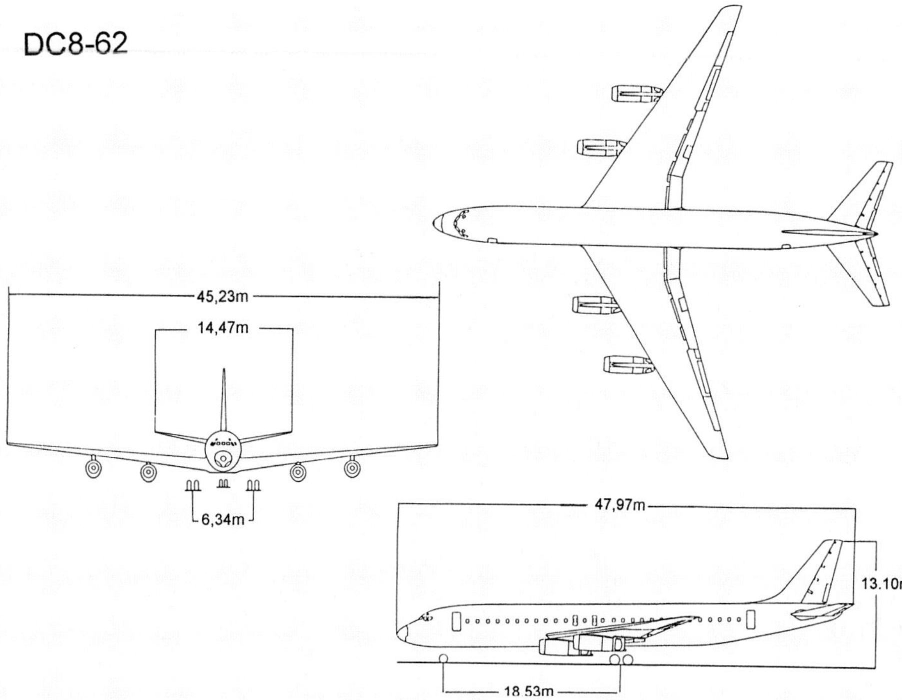
45,23m
14,47m
6,34m
47,97m
13.10m
18.53m

DC8-61

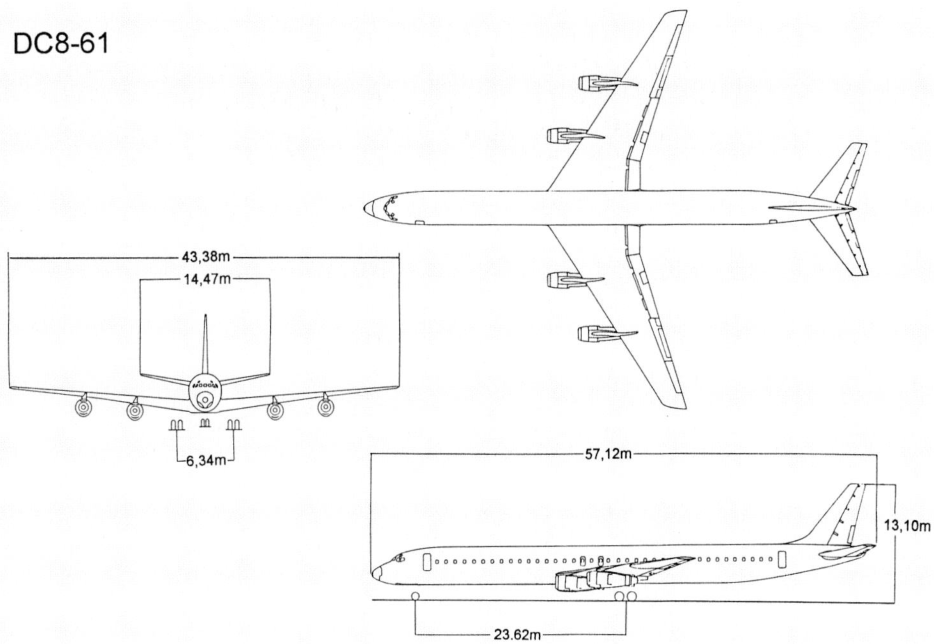
43,38m
14,47m
6,34m
57,12m
13,10m
23.62m

9

Neubeginn mit der DC8-70

Wie Phönix aus der Asche

Mitte der achtziger Jahre veröffentlichte die amerikanische Luftfahrtbehörde FAA die Verordnung FAR Part 36, die besagte, ab 1984 allen Flugzeugen mit den sehr lauten Pratt-&-Whitney-JT3-, -JT8- oder Rolls-Royce-Conway-Triebwerken die Einfluggenehmigung in die USA zu verweigern. Für die Betreiber solcher Flugzeuge war es nun an der Zeit, sich nach neuem Fluggerät oder neuen Triebwerken umzuschauen.

Neuentwicklungen lagen in Papierform bereits vor, doch kurzfristig bot sich für viele Fluggesellschaften nur der Umbau auf modifizierte beziehungsweise Triebwerke neuer Generation an, zu denen auch das von CFMI (Commercial Fan Moteur International) entwickelte CFM56-2-Triebwerk zählte.

Eine optimale Lösung bot Mc Donnell Douglas mit dem Vorschlag, alle DC8-61- bis -63-Versionen mit dem neuen Triebwerk von CFMI auszurüsten. Die DC8 war in ihrem Grundaufbau so robust, dass sie auch nach dem umfangreichen Modifizierungsprogramm weitere 15 bis 20 Jahre hätte ihren Dienst tun können.

Grundlage war das CFM56-2-Triebwerk von CFMI, ein Tochterunternehmen von General Electric und SNECMA. Mit diesem Fantriebwerk konnte man eine Lärmreduzierung von 70% und eine Kraftstoffersparnis um 15 bis 25% pro Flugkilometer vorrechnen. Die Zukunftsaussichten für dieses größte Modifizierungsprogramm in der Geschichte der zivilen Luftfahrt standen nicht schlecht und so musste man nur noch einen geeigneten und kostengünstigen Weg finden, um dieses Vorhaben zu realisieren.

Eine Gruppe ehemaliger Douglas-Mitarbeiter, Ingenieure und Manager, bildeten zusammen mit einem Grumman-Team die Entwicklungs- und Management Gruppe Cammacorp mit ihrem Sitz in El Segundo, Kalifornien. Unter dem Vorsitz von Jackson R. Mc Gowen, Ex-Präsident von Mc Donnell Douglas West Long Beach, begann im Jahre 1979 die Definitionsphase, die im Einzelnen Folgendes vorsah: Neukonstruktion der Triebwerksaufhängung für das CFM56-Triebwerk durch Grumman Aerospace Corp. in Bethpage, New York. Übernahme des Modifizierungsprogramms und Durchführung im Mc Donnell-Douglas-Werk Tulsa, Oklahoma. Übernahme der technischen Betreuung von modifizierten Flugzeugen durch Mc Donnell Douglas und als Hauptauftragnehmer verantwortlich für das Gesamtprogramm Cammacorp in Kalifornien.

Das Wichtigste bei diesem großen Umbauprogramm war aber das von CFMI entwickelte CFM56-Triebwerk. Für das Projekt CFM56 gründeten die Firmen SNECMA, Frankreich, und General Electric, USA, zusammen 1974 das Tochterunternehmen CFM International in Paris. Zu Präsidenten der neuen Firma wurden Gerhard Neumann von General Electric und Rene Ravaud von SNECMA berufen, während J. Sollier als Vorsitzender und Generaldirektor fungierte. Die Arbeitsaufteilung erfolgte paritätisch 50:50. Das komplette Programm, die Vermarktung sowie der Kundendienst oblagen dem neu gegründeten zwölfköpfigen Unternehmen.

Bereits 1971 begann man bei SNECMA und General Electric damit, eine Vorstudie für ein Zweikreis-Zweiwellentriebwerk mit zehn Tonnen Schub, der neuen Lärmemission entsprechend, zu entwickeln. Es hatte ein Schub-/Gewichtsverhältnis von 5,6 und sollte eine Kraftstoffersparnis von 20% erbringen. Da der Kern dieses Triebwerkes der Militärversion F101 von General Electric entstammte und für den strategischen Bomber B1 vorgesehen war, der weiterhin der Geheimhaltung unterlag, bedurfte es einiger Mühe, vom amerikanischen Senat eine Sondergenehmigung zu erhalten. Es lohnte sich, denn das Resultat konnte sich sehen lassen. Bereits am 20. Juni 1974 wurde mit dem neuen CFM56-2-Triebwerk die geplante Schubleistung von 97,9 kN (9877 kp) im General-Electric-Werk, Evendale, erreicht. Mit einer Länge von 2,93 m, einem Durchmesser von 1,83 m brachte das Triebwerk circa zwei Tonnen auf die Waage. Für die unterschiedlichsten Testprogramme wurde das Triebwerk an einer Mc Donnell Douglas YC-15 und einer Caravell angebaut. Die Flugtests mit der YC-15 wurden in Yuma, Arizona, durchgeführt. Die umgebaute Caravell mit dem CFM56-Trieb-

Diese als DC8-62H, 473 / 46084, am 19. August 1969 an United Airlines (N8972U) ausgelieferte Maschine wurde von Cammacorp am 1. Dezember 1982 gekauft, zur DC8-72H umgerüstet und als Demonstrationsflugzeug auch auf der Luftfahrtschau in Le Bourget 1983 vorgeführt

Oben: Die amerikanische Luft- und Raumfahrtorganisation NASA (N717NA) kaufte diese von Cammacorp zur -72 umgebaute ehemalige Alitalia DC8-62H (I-DIWK), 458 / 46082.

Unten: Diverse DC8-Maschinen der Serie 70 wurden als VIP-Flugzeuge ausgeliefert. So auch diese DC8-72 mit der Kennung N728A, 471 / 46081.

werk wurde in Istres geflogen. Für das Testprogramm sah man 13 Triebwerks-Prototypen vor.

Auch die amerikanische Luftwaffe bekundete ihr Interesse an dem neuen Triebwerk. Der Grund lag darin, die gesamte KC-135-Tankerflotte auf die neuen Triebwerke auszurüsten. Zwar war Boeing mir ihrer B707 abermals Vorreiter, konnte jedoch die gewonnene Erfahrung auf dem zivilen Sektor nicht umsetzen. So war das Flugzeug B707 mit seiner Sitzplatzkapazität für 160 Passagiere ausgereizt. Am 27. November 1979 erfolgte mit der Boeing B707/CFM56 der Jungfernflug, dem die Musterzulassung des CFM56-2-Triebwerkes am 8. November desselben Jahres vorausgegangen war.

Zu diesem Zeitpunkt hatten sich bereits sechs Luftverkehrsgesellschaften zur Umrüstung ihrer DC8-Flotte mit insgesamt 63 Flugzeugen entschlossen. Die Umrüstung der Flugzeuge wurde im Mc Donnell-Douglas-Werk in Tulsa, Oklahoma, vorgenommen. Für die Umrüstung von drei DC8-62-Flugzeugen der französischen Luftwaffe erhielt UTA die Genehmigung für den Einbau der neuen Triebwerke. Aber auch Delta Airlines in Atlanta erhielt die Zulassung und zwölf Modkits, um auch bei anderen Fluggesellschaften diesen Umbau vornehmen zu können. Eine dieser Gesellschaften war German Cargo Services, eine Tochter der Deutschen Lufthansa. Die Kosten für die Nachrüstung pro Flugzeug wurde mit 9 Millionen US-Dollar beziffert.

Das Modifizierungsprogramm sollte an folgenden DC8-Serien vorgenommen werden: Der DC8-61: dieses Flugzeug mit einer Länge von 57,12 m, auf hoch frequentierten Strecken eingesetzt, konnte bis maximal 269 Passagiere befördern. Dieser Fluzeugtyp besaß noch die etwas kürzeren unmodifizierten Tragflächen. Die Triebwerksaufhängung war noch über die Tragfläche gezogen und verursachte dadurch einen höheren Luftwiderstand. Dieses Manko wurde durch den Einbau der neuen Triebwerksaufhängung mit beseitigt, sodass alle drei Versionen mit derselben Triebwerksaufhängung ausgeliefert wurden.

Der DC8-62: Als Langstreckenversion mit einer Länge von 47,97 m und den erneuerten Tragflächen mit der etwas größeren Spannweite von 45,23 m.

Der DC8-63, bei der alle Erfahrung aus den vorher genannten Serien mit einfloss. Dieses Flugzeug besaß den überaus langen Rumpf und bereits die modifizierten Tragflächen. Herzstück des großen Flugzeugumrüstungsprogramms in der Geschichte des zivilen Luftverkehrs war das neu entwickelte CFM56-2-Triebwerk von CFMI.

Wie bei dem Pratt-&-Whitney-JT3-D-Triebwerk erfolgreich praktiziert, nutzte man auch hier bereits Bestehendes, um es mit neuer Technologie zu verbinden und dadurch zu verbessern. Gemeint ist das von General Electric für den von Rockwell gebauten Bomber B1 entwickelte und in Serie gefertigte Triebwerk

Das Umrüstprogramm auf die neuen CFMI-CFM56-2-Triebwerke wurde in Tulsa, Oklahoma, durchgeführt.

F101, von welchem der Hochdruckteil entstammt. Neu dagegen ist der gesamte Fanbeziehungsweise Niederdruckbereich sowie der Schubumkehrer, der von SNECMA entwickelt wurde. Dem einstufigen Fan folgt der dreistufige Niederdruckverdichter. Der Hochdruckverdichter befindet sich auf der zweiten Welle mit insgesamt neun Stufen, wovon die ersten vier Stufen verstellbare Leitschaufeln haben. Angetrieben werden die Verdichtergruppen von der einstufigen Hochdruck- und einer vierstufigen Niederdruckturbine. Das Nebenstromverhältnis von 6:1 ermöglichte letztendlich eine Lärmreduzierung von 90% und eine Kraftstoffersparnis von 25%. Diese Einsparung wurde auch durch einen neuartigen Kraftstoffregler erzielt. Dieses am Triebwerk befindliche, als MEC (Main Engine Control) bezeichnete Gerät erhält zum einen die mechanisch übertragene Schubhebelstellung und alle zur Feinregelung notwendigen elektronisch wie pneumatisch übertragenen Triebwerksparameter. Daraus errechnet die MEC den optimalen Kraftstoffbedarf je nach Schubhebelstellung. Damit war es auch möglich, eine automatische Schubregelung wesentlich besser einzusetzen. Zusätzlich zur Autopilotanlage konnte man nun mit einem Schalter am Kontrollstand die automatische Schubregelanlage aktivieren und am Fahrtmesser eine gewünschte Geschwindigkeit einstellen. Ein Stellmotor an den Schubhebeln trat bei einer Änderung der Fahrt in Aktion. Die gesetzten Schubwerte ließen sich damit mit einer Genauigkeit einhalten, die bis zu diesem Zeitpunkt bei Triebwerken mit hohem Durchsatzverhältnis nicht möglich war. Mit Einbau des neuen Triebwerkes musste auch die Triebwerksinstrumentierung im Cockpit geändert werden. Wurde bei Pratt-&-Whitney-Triebwerken der Schub nach der EPR-(Engine Pressure Ratio = Abgasdruck-)Anzeige festgesetzt, so erfolgt die Vorgabe beim neuen CFM56-2-Triebwerk nach der N1-Drehzahl.

Mit bis zu 22% mehr Schub als das Pratt-&-Whitney-JT3D-3-Triebwerk erreichte man auch die obere Grenze der Belastbarkeit der Triebwerksaufhängung. Der mit 106,89 kN (10 900 kp) angegebene Schub wurde auf 97,9 kN (9979 kp) reduziert. Der von Grumman Aerospace Corp. Bethpage, New York, konstruierte Triebwerksträger musste so konzipiert sein, dass für die 1,8 Meter hohen Triebwerke an den beiden inneren Einbaupositionen noch genügend Bodenfreiheit zur Verfügung stand. Es entstand ein fast filigran anmutender Träger, der von unten an der Tragfläche befestigt wurde. Um die Aufhängungen der Triebwerke nicht langfristig zu beschädigen, wurde nicht nur der Schub begrenzt, sondern auch die mögliche Aktivierung des Umkehrschubes im Flug verboten.

Diese Möglichkeit, im Flug den Schubumkehrer zu aktivieren, war immer eine Besonderheit der DC8 und lag darin begründet, dass dieses Flugzeug keine Bremsklappen besaß. Bei diversen Fluggesellschaften wird auch das Inbetriebnehmen aller vier Schubumkehrer am Boden zur Unterstützung der Bremsen untersagt.

Neu entwickelt wurde von Garrett AiResearch die Druck-Klima-Anlage. Wo zuvor das alte System mit den vier Turbokompressoren untergebracht war, und zwar unterhalb des Cockpits, wurden zwei neue Druck-Klima-

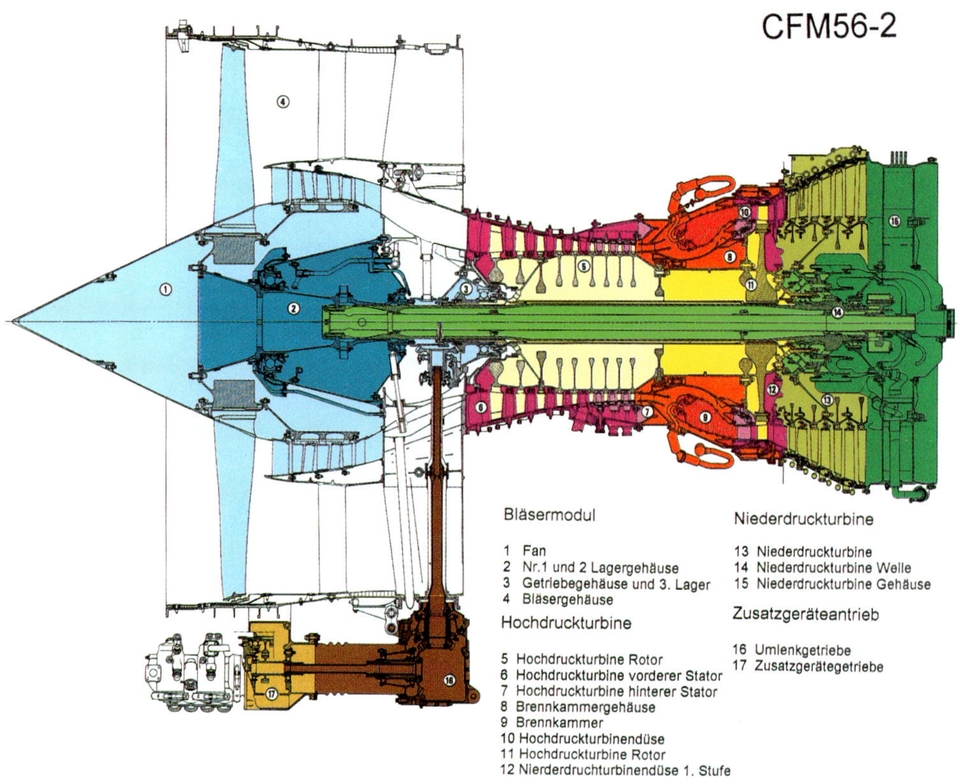

Das neue CFM56-2-Triebwerk auf dem Prüfstand.

Durch Wegfall der Turbokompressoreinheiten für die Druck-Klima-Anlage konnten die „Nasenlöcher" für den Staulufteinlass verkleinert werden. Diese Maschine ist über einen flexiblen Schlauch mit einem Luftstartgerät verbunden.

Einheiten eingebaut. Diese beiden Anlagen werden nun hauptsächlich von Triebwerksluft der fünften und neunten Hochdruckturbinenstufe aller vier Triebwerke versorgt. Die Staulufteinlässe unterhalb der Radarnase konnten verkleinert werden, zumal man die Stauluft nur noch zum Kühlen der sehr heißen Triebwerksluft benötigte. Mit dieser Stauluft und einem Turbokompressor pro Einheit war es möglich die heiße Triebwerksluft so herunterzukühlen, dass man auf ein Freonkühlsystem verzichten konnte. Durch die neue Anlage konnte man 270 kg Gewicht einsparen.

Vorgesehen für jede DC8-70 war auch eine Hilfsturbine GTCP85 von Garrett, die das Flugzeug unabhängig von Bodengeräten machen sollte. Es stehen zwar auf jedem internationalen Flughafen Luftstartgeräte beziehungsweise Stromaggregate zur Verfügung, doch jede Minute muss teuer bezahlt werden und zum anderen ist die Leistung dieser Geräte sehr unterschiedlich. Diese in der DC8-70 eingebaute Turbine (APU= Auxiliary Power Unit) ist für den Betreiber, der sie wünscht, im hinteren Teil des vorderen Frachtraums eingebaut. Dieses kleine Triebwerk besitzt eine automatische Regeleinheit, die ermöglicht immer mit einer konstanten Drehzahl zu laufen. Ein angeflanschter Generator ist dadurch in der Lage, einen konstanten Strom zu liefern. Auch die geförderte Luftmenge ist so hoch, dass sie zum Starten der Triebwerke ausreicht. Ein weiterreichendes Angebot von Cammacorp sah den Einbau von Farbdisplays (Option) anstelle herkömmlicher Fluginstrumente, einen Sperry-SM30AL-Autopiloten und eine Trägheitsnavigationsanlage von Delco Carousel vor.

All diese Modifizierungen versprachen mit diesem Flugzeug eine sehr preisgünstige Alternative zu den angebotenen Großraumflugzeugen und einen kostengünstigen Weg, die geforderten Bedingungen in Bezug auf Lärmemission einzuhalten. Einige Daten, die den enormen Leistungsschub mit dieser Maschine aufzeigen sollen: So benötigt die DC8-71 mit

Das moderne Cockpit einer DC8-73 von United Parcel Service, ausgerüstet mit den neuen Farbbildschirmen des integrierten Fluganzeige- und Führungssystems von Collins sowie der neuen APS-85-Autopilot-1-Flightdirector-Anlage.

Links oben: Diese DC8-73CF (HK3786X) von Tampa wurde am 2. Juni 1993 in Miami, Florida, aufgenommen.

Mitte: Mit 49 Flugzeugen der Serie 70 (23-71F und 26-73AF) ist United Parcel Service der größte Betreiber.

Links unten:
Diese ehemalige Flying Tiger DC8-63CF (N782FT), 394 / 46002, wurde am 15. Juli 1984 von Evergreen Int. gekauft und zur -73CF umgerüstet.

Rechts oben: Am 21. März 1968 wurde dieses Flugzeug (N8079U, 341 / 45947) als DC8-61 an United Airlines ausgeliefert. Umgebaut zu einer -71, versieht es nun seinen Dienst bei Linas Aereas Paraguayas.

Mitte: Trans International kaufte diese DC8-63CF, 359 / 46001 mit der Kennung N872TV am 5. März 1979, um sie im März 1984 von Cammacorp zu einer -73CF umbauen zu lassen.

Rechts unten: Auch Air Canada Cargo Express nutzte dieses Muster aus der DC8-Familie.

Kurzbesuch bei CCT. Eine mit neuem Outfit versehene DC8-73F (N870TV, 478 / 46086) der Emery Worldwide.

Das CFM56-2-Triebwerk, befestigt an der sehr schlanken Triebwerksaufhängung. Auf beiden Seiten befinden sich Stabilisatoren, die im Fluge den Pylon entlasten.

maximalem Gewicht bezogen auf Meereshöhe eine Rollstrecke von 2697 m, im Vergleich die DC8-61mit einer Rollstrecke von 3017m, bei der DC8-72 mit 2903 m zu 3093 m der DC8-62 oder der DC8-73 mit 2987 m zu 3200 m der DC8-63. Die Reichweite konnte im Vergleich um über 1000 km verlängert werden. Betrug sie bei der DC8-61 mit maximalem Kraftstoff 9408 km, so lag die Reichweite der DC8-71 bereits bei 11 538 km. Bei der DC8-62 bei 12 445 km zu 14 223 km der DC8-72 und zuletzt auch der Vergleich der DC8-63 mit 11 297 km zu 12 964 km der DC8-73. Die nachfolgende Tabelle verdeutlicht noch einmal den Leistungsschub, der mit dem Einbau der neuen CFM56-2-Triebwerke und dem zusätzlichen Modifikationsprogramm erreicht wurde.

Mittlerweile lagen bei Cammacorp 70 Festbestellungen und 40 Optionen vor. Zu den ersten Kunden zählten United Airlines, Flying Tigers, Spantax, Capitol, Delta, Transamerica, die französische Luftwaffe und Jet Aviation AG. Das erste Flugzeug, eines von 29 United-Airline-Maschinen, welches in Tulsa, Oklahoma, zum Umbau anstand, wurde im Dezember 1980 an das Mc Donnell-Douglas-Werk überführt. Es handelte sich dabei um eine DC8-61, MSN 45997, LN 398 mit der Kennung N8093U mit bereits über 36 800 Flugstunden. Am 15. August 1981 erfolgte nach dem großen Umbau der Erstflug dieser Maschine, der fünf Stunden und sieben Minuten dauerte. Die folgenden Zulassungsflüge wurden in Yuma, Arizona, durchgeführt. Nacheinander wurden von der amerikanischen Luftfahrtbehörde FAA die entsprechenden Genehmigungen erteilt und am 15. Juli 1982 erhielt United Airlines ihre Maschine „aufgemotzt" zurück. Mittlerweile hatte auch schon der Umbau einer DC8-62, MSN 46081, LN 471 mit der Kennung N8971U begonnen. Diese Maschine hatte Cammacorp von United Airlines gekauft, sie wurde modifiziert und am 22. Januar 1982 an ARAMCO verkauft. Der erste Testflug fand bereits am 12. Dezember 1981 statt.

Das dritte Muster, welches zur Modifizierung anstand, war eine DC8-63, MSN 46007, LN 422 mit der Kennung N787FT von Flying Tiger Lines. Die Rücklieferung erfolgte am 1. September 1982. Delta Air Lines übernahm ihr erstes umgerüstetes Flugzeug, eine DC8-71, im Juni 1982. Zuerst auf Kurzstrecken zwischen Atlanta – Knoxville und Atlanta – Huntsville, Alabama, eingesetzt, übernahm das eigentlich für den Mittel-, Langstreckeneinsatz vorgesehene Flugzeug nun Boeing-B727-Kurzstrecken und konnte auch hier seine Wirtschaftlichkeit unter Beweis stellen. Weitere zwölf DC8-Flugzeuge wurden in Atlanta modifiziert. Insgesamt dauerte eine solche Umrüstung circa zwölf Wochen. Bei Cammacorp begann die Serienumrüstung mit einer Rate von zwei Maschinen pro Monat. Insgesamt wurden 110 Flugzeuge der Versionen DC8-61, -62 und -63 auf -71, -72 und -73 umgebaut. Ein rasanter Aufschwung der Passagierzahlen verursachte bei den Fluggesellschaften wieder eine Zuwendung zum

Rechte Seite, oben: Von den sieben im Bestand der französischen Luftwaffe befindlichen DC8-Maschinen sind drei -72CF. Die hier abgebildete DC8-72CF, 542 / 46130, erhielt die Kennung F-RAFF.

Unten: „Cleard for Take Off", bei VR (rotation speed) von 303 km/h wird die Nase gehoben.

UTA
FF

Lufthansa Cargo
A

Technische Daten der DC8-70-Cammacorp-Versionen

	-71	-72	-73
Länge (m)	57,12	47,97	57,12
Spannweite (m)	43,38	45,23	45,23
Höhe (m)	13,1	13,1	13,1
Tragfläche (m²)	268,0	272,0	272,0
Triebwerke	CFM56-2	CGM56-2	CFM56-2
Startschub (kN)	97,9	97,9	97,9
Reisegeschw. (km/h)	915	928	941
Reiseflughöhe (m)	10668	10668	10850
Reichweite leer (km)	11538	14223	12964
Gewicht leer (t)	73,0	68,0	75,0
Max. Startgewicht (t)	147,0	159,0	161,0
Sitzplatzkapazität	251	189	251
Kraftstoffkap. (l)	88741	90800	91760

Großraumgerät. Vor allem profitierte der größte Konkurrent aus Seattle von dieser Entwicklung. Immer mehr Aufträge für das Großraumflugzeug Boeing B747 machten dieses Muster mit der Zeit zu einem Exportschlager. Bei Boeing setzte man bei der neuesten Version, der B747-400, auf modernste Technik und führte bei dieser Kategorie zum ersten Mal auch das Zweimann-Cockpit ein. Airbus Industrie entwickelte den A300 beziehungsweise A310 weiter und erhielt auch für diese Flugzeugtypen die Genehmigung, Langstreckenflüge durchzuführen. Von dieser Entwicklung war auch die Mc Donnell Douglas DC8 betroffen.

Kalkulierte man bei Cammacorp in El Segundo, Kalifornien, noch damit, über 200 Flugzeuge der Versionen DC8-61, -62 und -63 mit den neuen CFM56-Triebwerken auf -71, -72 und -73 umzurüsten, kam das Ende bereits bei 110 umgebauten Maschinen. Dass ein Großteil der umgebauten Flugzeuge nicht auf den großen Abstellplätzen in der Mojave-Wüste oder in Arizona landeten, konnte man nur dem Umstand verdanken, dass es recht einfach war, sie in Frachter umzubauen. Im Jahre 2000 waren noch 100 Flugzeuge im Einsatz, wobei ein Großteil als Frachtflugzeuge eingesetzt ist. Die meisten Flugzeuge der Version DC8-71F und DC8-73AF werden von dem amerikanischen Paketverteilungsunternehmen United Parcel Service, Louisville, Kentucky, betrieben. So sind auch Flugzeuge dieser Gesellschaft mit den modernen Farbdisplays ausgestattet. Von dem Fluggeräatehersteller Collins wurde ein integriertes Fluganzeige- und Führungssystem entwickelt, was so auch in modernen Jets zum Einbau kommt. Auf Farbbildschirmen werden nicht nur Horizont und Lage angezeigt, sondern auch die Geschwindigkeit, Kurs sowie alle benötigten Navigationspunkte. Komplett digitalisiert ist auch die neue APS-85-Autopilot/Flightdirector-Anlage. Mit einem Konzept, noch wirtschaftlicher zu operieren, trat das in Florida ansässige Unternehmen Aviation Partners an die Öffentlichkeit. Es entwickelte so genannte Winglets, die eine Kraftstoffersparnis von 3% ermöglichen sollten.

Wie prognostiziert, hat die DC8 mit den Versionen -71F,- 72F und -73CF die Jahrtausendwende mit Leichtigkeit überstanden.

DC8-Maschinen der 70er-Reihe im Einsatz

Halter	-71	-71F	-72	-72CF	-73	-73AF	Total
Bermuda:							
Regierung Bermuda			1				1
Chile:							
Fast Air Carrier		2					2
Ladeco Cargo		1					1
LAN Chile		2					2
Deutschland:							
LCA						5	5
Frankreich:							
Armee de l'Air				3			3
AOM Minerve					1		1
Gabun:							
Regierung Gabun						1	1
Kolumbien:							
Tampa		2					2
Saudi-Arabien:							
Saudia			1				1
Spanien:							
Cargosur		1					1
USA:							
Air Trans. Int.		9					9
DHL						5	5
Emery Worldwide						8	8
Evergreen						2	2
NASA			1				1
Southern Air Transp.		3				2	5
UPS		23				26	49
Zambia:							
Zambia Airways	1						1
Zimbabwe:							
Affretair		1					1
Total	1	44	3	3	1	49	101

DC8-70 Triebwerksaufhängung für CFM56-2

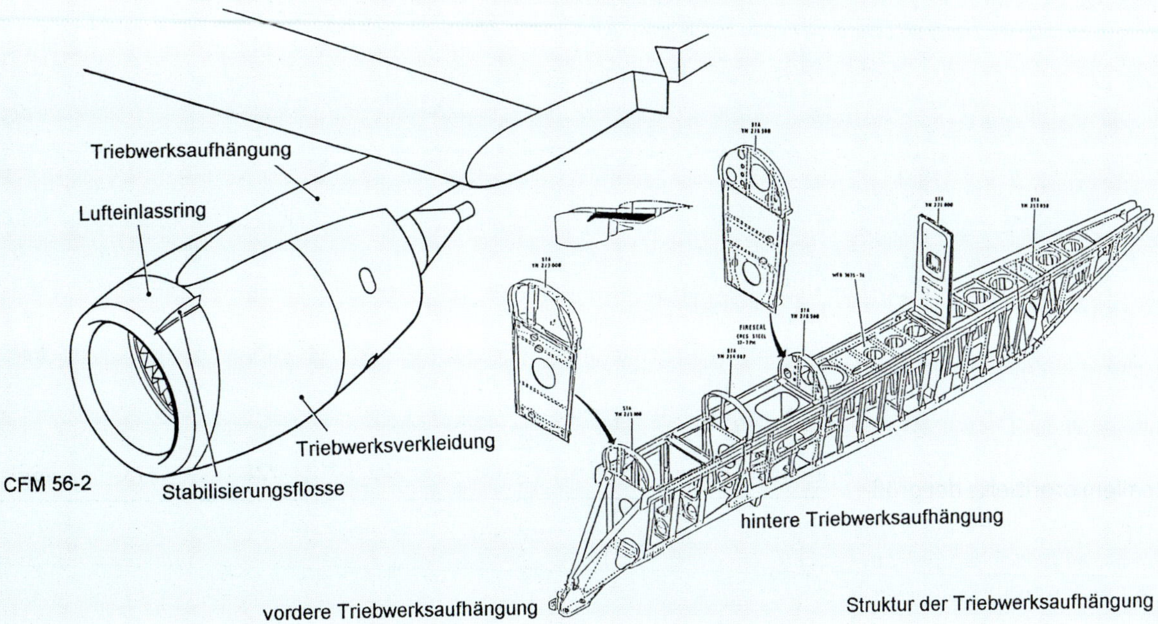

DC8 - 70 mit Winglets

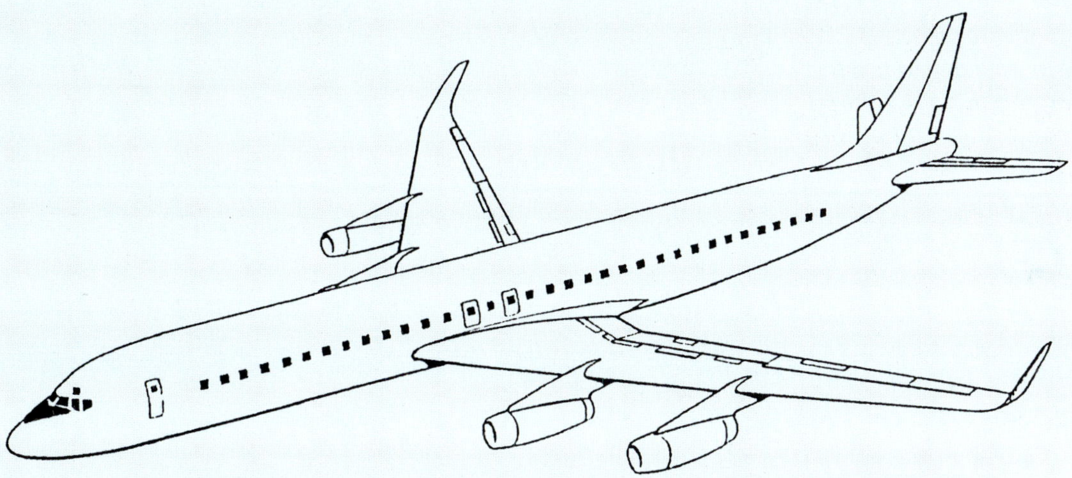

10

DC8-73 Pilots Report

Der muntere Oldie

Wie waren denn die Flugleistungen und Flugeigenschaften dieser „neuen" DC8-Version, brachten die neuen Triebwerke von CFMI den erwünschten Leistungsschub mit sich und wie beurteilten Piloten diese Maschine?

Einer der es wissen musste, war Jörg Schelske, DC8-73-Flottenchef bei Lufthansa Cargo Air Lines. Ein Pilot, der in seiner Laufbahn schon die unterschiedlichsten Flugzeugtypen wie zum Beispiel die Caravelle, Tri Star, B 727 oder DC9 geflogen hatte und danach den Chefpilotensessel bei German Cargo Services übernahm.

Hatte ich noch in der Einleitung als außenstehender Beobachter diese lange Aluminiumröhre als langsam beschleunigend und nur mit Schwerstarbeit leistenden Triebwerken die Abhebegeschwindigkeit erreichend, beschrieben, erhielt man aus dem Munde des damaligen Chefpiloten einen ganz anderen Eindruck.

„Cleard for Take Off", die Startfreigabe ist gewährt. Die Klappenstellung ist auf 12° gesetzt und alle vier Schubhebel werden auf Startleistung gebracht. Trotz einem maximalen Startgewicht von 161 Tonnen beschleunigt das Flugzeug rasant. Auch eine Schubbegrenzung von 106,89 kN (10 900 kp) auf 97,9 kN (9979 kp), um die Triebwerksaufhängung nicht so stark zu beanspruchen, fällt überhaupt nicht ins Gewicht und schon bald wird die Entscheidungsgeschwindigkeit V1 von 148 Kts (274 km/h) erreicht. An dieser Stelle soll auf eine Besonderheit der DC8 hingewiesen werden. Da das Höhenruder nur aerodynamisch ausgelenkt wird (ein kleines Flettner-Ruder, welches mechanisch betätigt in der Luftströmung einen Auftrieb erzeugt, bringt das wesentlich größere Höhenruder zum Ausschlag), kann eine Überprüfung des Ruders nur bei einer Geschwindigkeit größer 60 Kts (111 km/h) erfolgen. Dieses geschieht, indem man die Steuersäule kurzzeitig drückt und an einer Anzeige den Ausschlag des Höhenruders ablesen kann.

Bei VR (Rotation Speed) von 164 Kts (303 km/h) wird die Nase angehoben. Die recht hohe Geschwindigkeit beim Startvorgang wird bei Passagierflugzeugen nur noch von der DC10 übertroffen. In dieser Phase des Starts bis zum Abheben bei 175 Kts (323 km/h), ist es bei der DC8-73 sehr wichtig, den maximalen Anstellwinkel von 9° (abzulesen am künstlichen Horizont) nicht zu überschreiten. Bei der Länge des Flugzeuges von 57,12 m und der geringen „Beinfreiheit" des Fahrwerkes ist es sehr schnell möglich, beim Ziehen der Maschine mit dem Heck aufzusetzen. Aus diesem Grund wurde im hinteren Bereich des Rumpfes ein Stoßdämpfer (Tailskid) eingebaut. Mit 185 Kts (342 km/h) ist die Steiggeschwindigkeit erreicht, bis in vorgeschriebener Höhe die Überleitung zum Reiseflug erfolgt. Hier macht sich die langjährige Erfahrung von Douglas im Flugzeugbau bemerkbar. Ein sehr ruhiges Flugverhalten zeichnet die DC8 im Reiseflug aus. Bedingt durch den langen Rumpf ist dieses Flugzeug unempfindlich bei Turbulenzen und bietet damit einen hohen Passagierkomfort.

Bei einer normalen Reisegeschwindigkeit von 845 km/h entsprechend Mach 0,8 ist die Maschine sehr angenehm für den Passagier und gutmütig zu fliegen.

Vergleicht man die Flugeigenschaften mit denen moderner Flugzeugtypen, sind doch gravierende Unterschiede feststellbar. So sind zum Beispiel die Ruder nicht optimal aufeinander abgestimmt. Das bedeutet für den Piloten einen unterschiedlichen Kraftaufwand je nach Ruderart. Das Seitenruder ist schwerer zu bedienen als die Querruder, auch bedingt durch die unterschiedliche Ansteuerung. Die Höhenruder werden über Seile durch Ansteuerung eines Hilfsruders aerodynamisch, Seitenruder durch hydraulische Stellmotoren und die Querruder aerodynamisch/hydraulisch bewegt. Eine weitere Besonderheit dieses Flugzeugtyps ist die Verwendung von nur einem Hydrauliksystem. Fällt nun dieses System aus, verdreifachen sich die aufzuwendenden Kräfte für den Piloten, auch um das Querruder zu bewegen. Die Maschine ist um die Längsachse sehr träge, was sich nachteilig bei Seitenwind hauptsächlich in der Start- und Landephase bemerkbar macht. Die Autopilotanlage ist aber so hervorragend abgestimmt, dass es zu keiner Beeinträchtigung im Reiseflug kommt. Bedingt durch die neuen Triebwerke änderte sich auch das Flugverhalten der Maschine. Sind bei der DC8-63 in den Landeklappen so genannte

Rechte Seite:
Ein sehr ruhiges Flugverhalten mit den vier CFM-56-Triebwerken zeichnet die DC8-70 im Reiseflug aus.

Auch diese DC8-73PF (VR-CKA) 497 / 46095, wurde im Auftrag eines saudiarabischen Kunden als VIP-Flugzeug umgebaut.

„Thrustgates", die den Triebwerksabgasstrahl bei ausgefahrenen Klappen hindurchlassen, noch wirksam, verlieren sie bei der DC8-73 ihren Sinn. Durch die größeren CFM-56-Triebwerke gelangt der Abgasstrahl direkt auf die ausgefahrenen Klappen und bewirkt bei einer Schubänderung sofort eine Drehbewegung um die Querachse. Die sehr hohe Leerlaufdrehzahl der Triebwerke und fehlende Bremsklappen erfordern ein ganz besonderes Anflugverfahren, zumal auch die Schubumkehrer (für Douglas-Flugzeuge normal) zur Verlangsamung der Geschwindigkeit im Flug nicht mehr benutzt werden dürfen. Der Sinkflug wird bereits 135 NM (250 km) in einer Höhe von 35 000 ft (10 668 m) vor dem Zielflughafen eingeleitet, wo andere Passagierflugzeug dagegen nur 115 NM (213 km) benötigen. Bevor nun der eigentliche Anflug beginnt, werden die Klappen auf 23° gefahren, die Triebwerksleistung ermittelt und das Flugzeug in eine ruhige Fluglage gebracht. Nach Einflug auf den Gleitpfad wird das Fahrwerk ausgefahren und die Klappen auf 50° gefahren. Bei einem Kategorie-II-Anflug mit Autopilot ist dies das einzige Verfahren, die Maschine ruhig in einen automatischen Anflug zu bringen. Die Mindestgeschwindigkeit für das maximale Landegewicht beträgt 215 Kts (398 km/h), die empfohlene maximale Geschwindigkeit zum Ausfahren der Klappen hingegen 220 Kts (407 km/h). Hieran erkennt man den engen Spielraum des Piloten vor allem auf Flugplätzen mit hohem Verkehrsaufkommen. Eine weitere Besonderheit ist die sehr hohe Landegeschwindigkeit von 150 Kts (278 km/h). Das Landen mit Seitenwind ist mit diesem Flugzeugtyp nicht ganz einfach. Wie anfänglich bei der Startphase erwähnt, spielt auch hier die geringe „Beinfreiheit" eine gewichtige Rolle. Dreht man die Maschine mit der Nase in den Wind, wird dadurch eine Rollbewegung eingeleitet. Ist man nun in Bodennähe und gelingt es nicht rechtzeitig das Flugzeug auf die Landebahn auszurichten, ist eine Berührung der Triebwerke mit dem Boden vorprogrammiert.

Die anfänglich erwähnte hohe Leerlaufdrehzahl und die gewisse Trägheit der Triebwerke bei einer Schubreduzierung macht sich vor allem auch bei der Landung negativ bemerkbar. So muss bereits 50 ft (15 m) über der Landebahn das Gas herausgenommen werden (bei der DC8-63 erst beim Aufsetzen). Die Landung ist nun erfolgt und die Schubumkehrer würden jetzt die Hauptlast des Bremsvorgangs übernehmen. Das geschieht bei der DC8-73 nur zum Teil, denn bringt man alle vier Triebwerke auf Umkehrschub, werden so hohe Vibrationen erzeugt, dass innerhalb kürzester Zeit die hohen Beanspruchungen zu Rissen in den Triebwerksaufhängungen führen. Deshalb beschränkt man sich darauf, nur das Notwendigste an Umkehrschub zuzulassen. Die restliche Bremsleistung muss von den Radbremsen übernommen werden. Diese Bremsen wiederum sind relativ schwach ausgelegt, sodass sie bei einem langen Bremsvorgang sehr schnell heiß werden und dadurch ihre Bremskraft verlieren.

Die Eigenheiten bei Start und Landung sind hauptsächlich darauf zurückzuführen, dass man mit den neuen Triebwerken neue Technologien mit althergebrachter Technik, wie zum Beispiel Kraftübertragungssysteme über Seile und Gestänge, verbinden musste.

Spezielle Anflugverfahren werden im Vorfeld bereits im Simulator geübt. So musste man beim Bau der DC8-73 an vielen Stellen Kompromisse eingehen, die aber letztendlich das Flugzeug zu einem der zuverlässigsten und wirtschaftlichsten seiner Art machten.

Rechte Seite, oben: D-ADUE der German Cargo Services im Landeanflug.

Unten: Auf diesem Bild sind der äußere Fanstromkanal sowie die Abgasdüse gut zu erkennen. Das Nebenstromverhältnis mit 6:1 ist bezeichnend für dieses Triebwerk.

German Cargo

German Cargo
DORNIER

11 Der DC8-Betrieb bei Lufthansa Cargo Airlines

Die fliegende Kiste

Die hervorragenden Erträge im Frachtverkehr veranlassten die Deutsche Lufthansa im Jahre 1977 eine Fracht-Charter-Gesellschaft zu gründen, um auf dem internationalen Markt flexibel zu sein. Mit dem Namen German Cargo Services (GCS) wurde die 100%ige Tochter der Deutschen Lufthansa am 10. März 1977 aus der Taufe gehoben. Mit zwei Boeing B707-330C, von der Mutter übernommen, wurde der Flugbetrieb aufgenommen. Diese beiden Flugzeuge, D-ABUA und D-ABUE, erhielten einen ockerfarbenen Anstrich mit der symbolisierten Kiste auf dem Leitwerk, der dieser kleinen Flotte auch den Scherznamen „Currybomber" einbrachte. Am 1. November 1978 wurde das dritte, D-ABUO, und am 1. April 1979 das vierte Frachtflugzeug, D-ABUI, von Lufthansa übernommen. Doch schon bald erkannte man, dass die Boeing 707-330 nicht auf Dauer das geeignete Gerät für die Gesellschaft sein konnte. Zum einen war absehbar, wann die amerikanische Luftfahrtbehörde FAA den eigenen Luftraum für Flugzeuge mit den sehr lauten Pratt-&-Whitney-Triebwerken JT3 schließen würde und zum anderen musste, bedingt durch hohen Konkurrenzdruck, ein wirtschaftliches Flugzeug gefunden werden.

Zu diesem Zeitpunkt flogen die ersten mit CFM56-2-Triebwerken ausgerüsteten DC8-73-Flugzeuge, die erheblich wirtschaftlicher waren als die Boeing-B707-Maschinen. Diese gestreckte DC8-Version, ursprünglich DC8-63, konnte bis zu 6 Tonnen mehr Nutzlast transportieren und erbrachte durch die neu entwickelten Triebwerke eine 15–20%ige Kraftstoffersparnis. Der verursachte Lärmteppich ist nur noch ein Zwanzigstel so groß wie jener der B707. Damit war für German Cargo Services das Nachfolgemuster für den Boeing-Frachter gefunden. Da sich aber das Unternehmen bis zu diesem Zeitpunkt nur mit verkaufstechnischen und operationellen Dingen zu beschäftigen brauchte, waren der Kauf einer Flugzeugflotte sowie der technische Betrieb etwas völlig Neues.

Im Sommer 1983 begann mit einem kleinen Stab Spezialisten von CONDOR und Lufthansa die Projektphase mit dem Ziel, ab Mitte 1984 eine kleine DC8-Flotte von vier Flugzeugen im Frachtcharterdienst zu betreiben. Dies sah im Einzelnen wie folgt aus: Kauf von vier DC8-63-Flugzeugen bei Flying Tigers in Los Angeles. Für

Die erste GCS DC8-73CF (D-ADUI) vor dem Überführungsflug bei Delta Air Lines. Man erkennt noch die Herkunft dieser Maschine.

Rechte Seite: Am 22. August 1984 feierliche Einführung der DC8-73CF bei GCS in der Lufthansa-„Jumbohalle" in Frankfurt.

erman Cargo

Landeanflug auf Rhein/Main.

den CFM-56-Triebwerkseinbau Überführung der Maschinen zu Delta Air Lines nach Atlanta. Die Verträge wurden mit Cammacorp in El Segundo, Kalifornien, und als Unterauftragnehmer Delta Air Lines ausgehandelt. Die Überführung der Flugzeuge zu UTA nach Paris zur Aufrüstung und erster GCS-Einsatz waren für August 1984 geplant. Bis zu diesem Zeitpunkt musste auch eine von Lufthansa unabhängige Technik für diesen Flugzeugtyp aufgebaut werden. Eine Genehmigung zur Führung eines luftfahrttechnischen Betriebes wurde beim Luftfahrtbundesamt in Braunschweig beantragt.

Im Einzelnen waren folgende Flugzeuge von dieser Aktion betroffen:

DC8-63CF, LN 380, MSN 45991: Dieses Flugzeug wurde am 26. Juli 1968 an Flying Tiger Lines ausgeliefert und erhielt die Registrierung N781FT, bei GCS dann als DC8-73CF die Registrierung D-ADUI.

DC8 - 63CF, LN 401 MSN 46002: Diese Maschine wurde am 22. Oktober 1968 an Flying Tiger Lines mit der Registrierung N783FT ausgeliefert, zwischenzeitlich, und zwar vom 25. November 1982 bis 7. April 1983 von Air India geflogen, wurde das Flugzeug bei Delta Air Lines auf -73CF umgerüstet und erhielt bei GCS die neue Kennung D-ADUA.

DC8-63CF, LN 432 MSN 46044: Das dritte Flugzeug wurde am 28. Februar 1969 an Flying Tiger Lines ausgeliefert, flog zwischenzeitlich auch bei Air India, wurde wie die Vorgänger bei Delta modifiziert und als D-ADUE von GCS übernommen.

DC8-63CF, LN 447 MSN 46047: Dieses Flugzeug wurde von Flying Tiger Lines am 31. März 1969 übernommen. Zwischen dem 4. April 1969 und dem 30. September 1970 flog diese Maschine für Overseas National Airways, um danach wieder für Flying Tiger Fracht weltweit zu transportieren. Der Umbau zur -73CF erfolgte wieder bei Delta. Als DC8-73CF mit der Registrierung D-ADUO wurde der Flugbetrieb bei German Cargo Services aufgenommen.

Aus allen Technikbereichen der Lufthansa wurden Techniker rekrutiert und auf speziell dafür vorgesehenen Typenlehrgängen bei Flying Tigers auf den neuen Flugzeugtyp geschult. Parallel dazu fanden die ersten Umschulungskurse für Flugkapitäne und Flugingenieure in Denver bei United Airlines statt. Davon erwarben acht Lehrgangsteilnehmer im April und Mai 1984 die Einweisungslizenz. Nachdem der DC8-Simulator bei der UTA in Paris für dieses Muster umgebaut war, konnte nach der Abnahme durch das Luftfahrtbundesamt der Lehrbetrieb ab dem 12. Juni 1984 aufgenommen werden. Zwischenzeitlich wurden nacheinander die vier von Flying Tiger gekauften DC8-63-Flugzeuge von Los Angeles nach Atlanta überführt. Bei Delta Air Lines begann die Umrüstung auf die neuen Triebwerke CFM56-2C5 und diverse Modifizierungen, zum Beispiel an der Druck-Klima-Anlage, sowie der Einbau eines Flight-Director-Systems. Das Testprogramm verlief erfolgreich und am 5. Juli

Rechte Seite, oben und unten: Eine Seltenheit, so ein Zusammentreffen aller GCS-DC8-Flugzeuge auf dem Frankfurter Flughafen war die ganz große Ausnahme.

D-ADUO
German Cargo
German Cargo

German Cargo
German Cargo
German Cargo

Tausende von Küken in so genannten Kükentürmen werden zum Beladen bereitgestellt.

1984 erfolgte mit Kapitän Winzig am Steuer der erste Übernahmeflug von Atlanta nach Dallas/Fort Worth.

Die Verkehrszulassung wurde vom Luftfahrtbundesamt erteilt und der Umregistrierung auf D-ADUI stand nichts mehr im Wege. Am 12. Juli 1984 konnte die erste DC8-73 nach Le Bourget zur UTA zur weiteren Aufrüstung überführt werden.

Weitere Modifizierungen und eine Standardisierung zur Lufthansa-Flotte standen auf dem Programm, bis dann endgültig die offizielle Indienststellung am 22. August 1984 durch den damaligen Vorstandsvorsitzenden der Deutschen Lufthansa Heinz Ruhnau sowie den Geschäftsführern Wilhelm Althen und Sigfried Köhler vorgenommen wurde. Vor 300 geladenen Gästen, hauptsächlich aus dem Speditionsbereich, sowie Repräsentanten der Deutschen Lufthansa und CONDOR präsentierte sich die bereits 15 Jahre alte, mit modernen Triebwerken, neuester Avionik „aufgemotzte" und den neuen GCS-Farben (der Rumpf war hellgrau und nur noch das Leitwerk war ocker) versehene DC8-73 mit der Registrierung D-ADUI. Natürlich nutzte man die Gelegenheit, alle nur möglichen Frachtvarianten aufzuzeigen. Zum Beispiel neuartige Transportbehälter für die unterschiedlichsten Tiertransporte säumten den festlichen Akt, der im Südhangar, Halle V, der Lufthansa vorgenommen wurde. Die Genehmigung zum Betreiben eines luftfahrttechnischen Betriebes erhielt German Cargo Services am 20. Juli 1984. Zu diesem Zeitpunkt waren im Bereich der Technik alle Voraussetzungen für den Betrieb mit dem neuen Flugzeugmuster getroffen. Betriebshandbücher waren geschrieben, Instandhaltungsverträge abgeschlossen und die räumlichen Voraussetzungen geschaffen. In dieser Zeit war das französische Luftfahrtunternehmen UTA der wichtigste Partner von GCS. Nicht nur Besatzungen wurden auf dem UTA-Simulator trainiert, sondern man nutzte auch das große Ersatzteillager sowie Spezialwerkzeuge. Größere Kontrollen wie zum Beispiel der C-Check, der zu diesem Zeitpunkt noch alle 2400 Flugstunden durchzuführen war, wurden anfänglich in Le Bourget durchgeführt. Aufeinander folgten die restlichen Flugzeuge. Insgesamt mussten für den DC8-Betrieb mit fünf Flugzeugen circa 200 Millionen D-Mark von Lufthansa/GCS aufgewendet werden, was auch Schulung und Ersatzteilbevorratung mit einschloss. Die erste kommerzielle Strecke flog die D-ADUI am 5. September 1984 von Frankfurt – New York – Frankfurt, die D-ADUO ihre Strecke am 12. Oktober von Frankfurt – Kairo – Frankfurt und am 13. November folgte die D-ADUA auf der Stecke Frankfurt – Sanaà – Mogadischu – Nairobi – Kairo – Frankfurt.

GCS verfügte über eine sehr breite Transportgüterpalette. Sie reichte von saisonalen Blumentransporten von Nairobi nach Frankfurt, Textiltransporten von Indien über Sharjah in die Bundesrepublik oder von hier aus Konsum- bzw. Industriegüter in die ganze Welt.

Rechte Seite, oben: Die Ablösung. Noch unlackiert steht die neueste GCS-Errungenschaft auf dem Flugfeld, bereit die Aufgaben ihrer Vorgängerin zu übernehmen. Rechts, die als „Currybomber" titulierte Boeing B707-330C, D-ABUI, und der Neuzugang, die Douglas DC8-73CF, D-ADUI (380 / 45991).

Unten: Als zum 1. Mai 1993 German Cargo Services in Lufthansa Cargo Airlines umbenannt wurde, war davon auch die DC8 betroffen. Nach dem D-Check wurde das Flugzeug D-ADUE mit neuer Bemalung abgeliefert.

German Cargo

Lufthansa Cargo
D-ADUE

GCS bewies sich auch als Spezialist für lebende Fracht. So wurden bereits über Jahre hinweg Küken in extra dafür hergestellten Transporttürmen nach Kairo und in andere nordafrikanische Städte geflogen. Für Pferdetransporte wurden spezielle Transportboxen gebaut und für die Tierbegleiter transportable Sitzreihen und Küchenpaletten entwickelt. Auch Hilfsflüge für die UNO wurden durchgeführt. Nachschubtransporte (keine Waffentransporte) für Bundeswehreinsätze in Somalia standen auch auf dem Flugprogramm. Bei all diesen Aktivitäten erwies sich die DC8-73 mit ihren 18 Paletten als sehr robustes und wirtschaftliches Fluggerät. Besondere Herausforderungen waren für GCS die immer wiederkehrenden Spezialtransporte wie zum Beispiel der folgende Langstreckenflug:

Satellitenflug

German Cargo Services erhielt 1992 von der schwedischen Weltraumorganisation den Auftrag, einen Forschungssatelliten zur polaren Erkundung zu einem chinesischen Raketenstartgelände am östlichen Rand der Wüste Gobi zu transportieren. Der geplante Start der chinesischen Rakete mit dem bezeichnenden Namen „Langer Marsch II" war für den 6. Oktober 1992 festgelegt.

Für GCS war dieses Vorhaben eine riesige Herausforderung. Der Transport des Satelliten „Freja" musste so präzise „getimt" werden, dass es für den Start der Rakete keine Zeitverzögerung gab. Eine Reservemaschine musste bereitstehen, um gegebenenfalls die wertvolle Fracht so schnell wie möglich zu übernehmen. Eine umfangreiche, bis ins kleinste Detail durchdachte Planung begann. Einbezogen in die gesamte Vorbereitung war von Anbeginn auch Chefpilot Jörg Schelske. Um sich über den Landeplatz und die örtlichen Gegebenheiten sachkundig zu machen, wurde ein Besuch auf dem Raketenstartgelände Nr. 14, so die offizielle Bezeichnung, vereinbart. Die hohe Geheimhaltungsstufe erlaubte keine direkte Anreise und so stieg er in der Landeshauptstadt von einer Linienmaschine in einen kleinen Militärtransporter um. Nach einem vierstündigen Flug an den östlichen Rand der Wüste Gobi wurde der für das Unternehmen vorgesehene militärisch genutzte Flugplatz Nr. 14 erreicht. Chefpilot Schelske bekam nun Gelegenheit, sich alles an Ort und Stelle anzusehen und sich entsprechende, für die Durchführung erforderliche Notizen zu machen. Denn so einfach mit einer DC8 hier zu landen, war es dennoch nicht. Platz schien es genügend zu geben, denn so weit das Auge reichte, Wüste, ohne die geringste Erhebung, und dem Gelände angepasst, die Landebahn. Eine Betonfläche mit einer Länge von viereinhalb Kilometern und

Oben: D-ADUI vor ihrem neuen Zuhause.

Unten: Kurz vor Startfreigabe auf der Startbahn West des Frankfurter Flughafens.

Rechte Seite, oben:
Sehr empfindliche Polo-Pferde werden in speziell dafür entwickelten Pferdeboxen transportiert.
Unten:
Auch Rennsportwagen konnten problemlos in der DC8 transportiert werden.

German Cargo

49 035
n Cargo
035

Bei der Teilüberholung wird auch das Leitwerk einer eingehenden Kontrolle unterzogen.

einer Breite von 80 m. Ein für den Anflug benötigtes Landehilfesystem (ILS) sowie als Referenz dienende weiße Aufsetzmarkierungen waren nicht vorhanden. In gebührendem Abstand kleine flache Gebäude und der nicht zu übersehende Kontrollturm. Auf Abstellplätzen geparkt, eine kleine Anzahl veralteter Shenyang-J-6-Jagdflugzeuge. Mit dem Flugplatzkommandanten besprach man im Beisein eines Dolmetschers den Ablauf bis in das kleinste Detail und verabschiedete sich dann bis zum Wiedersehen.

In Frankfurt liefen derweil die Vorbereitungen auf Hochtouren. Das Begleitpersonal, ein Mechaniker, ein Belademeister und die restliche Cockpitcrew, bekam seine Einweisung.

Bei der schwedischen Raumfahrtbehörde hatte man bereits den 500 kg schweren Satelliten in einem großen Schock absorbierenden Transportbehälter verstaut und auf einer weiteren Flugzeugpalette vorschriftsmäßig verzurrt. Der größte Anteil der Fracht, circa elf Tonnen, bestand hauptsächlich aus Testgeräten und allem, was für einen sechs Wochen andauernden Aufenthalt der Techniker lebensnotwendig war. So gehörten neben technischem Gerät zum Beispiel ein Spirituskocher und auch Lebensmittel zur Fracht. Natürlich durfte Knäckebrot und Coca-Cola nicht fehlen. Einen Tag vor Abflug wurde die DC8 für dieses Unternehmen vorbereitet, Passagiersitze in entsprechender Zahl für die Mannschaft eingebaut und die dafür benötigte Sauerstoffanlage installiert. Auf einer Palette wurde ein Küchenblock befestigt und angeschlossen. Damit waren die Vorbereitungen von der Technik in Frankfurt abgeschlossen. Es folgte noch am selben Tag der Überführungsflug von Frankfurt nach Stockholm.

Am 20. August 1992 war es dann so weit. Auf dem Stockholmer Flughafen stand die voll beladene DC8-73, D-ADUO, und wartete auf die Startfreigabe. Zu Kapitän Schelskes Besatzung gehörten Copilot Voigt, Flugingenieur Lotze, Lademeister Zacharias und der Mechaniker Auf Der Hart. Zur Satellitenbetreuung befanden sich auch zwei Ingenieure der schwedischen Raumfahrtbehörde und zwei amerikanische Militärattachés mit an Bord. Um 15.00 Uhr erfolgte für den Flug LH 7486 die Starfreigabe und das Unternehmen „Freja" konnte beginnen.

Die Flugroute führte über Sankt Petersburg, Nordsibirien, Mongolei nach Peking. Für den Aufenthalt in der großen chinesischen Metropole war eine maximale Bodenzeit von einer Stunde vorgesehen. Bis kurz vor Erreichen der Kontrollzone verlief der Flug reibungslos. Doch beim Anmelden der Ankunft auf dem Pekinger Flughafen gab dieser über der Stadt sehr starken Bodennebel durch. Eine zu dieser Jahreszeit ungewöhnliche Erscheinung. Nun gibt es für den chinesischen Luftraum keine Möglichkeit, in einem bestimmten Gebiet ein Holding zu fliegen. Als Alternative bot sich der Besatzung nur, einen Ausweichflughafen anzusteuern mit der Konsequenz, einen hohen Zeitverlust in Kauf zu nehmen. Das ganze Unternehmen drohte zu scheitern. Großes Verhandlungsgeschick bewies in dieser Situation Flugkapitän Schelske, indem er die Kontroller in der Flugleitung davon überzeugen konnte, dass der Nebel sich in der nächsten halben Stunde bestimmt auflösen würde. Tatsächlich löste sich der Nebel auf und die DC8 landete mit einer halbstündigen Verspätung auf dem Pekinger Flughafen. Kraftstoff wurde aufgenommen und zwei chinesische Begleiter kamen an Bord. Der eine ein Funker, der andere ein Navigator und beide verantwortlich für die Einhaltung der richtigen Flugroute zum Landeplatz 14. Beide Herren begleiteten den zweistündigen Flug sehr aufmerksam. Auf Chinesisch wurde der Funkverkehr vorgenommen und ins Englische übersetzt. Der Navigator überreichte der Crew bei jeder notwendigen Kursänderung einen Zettel mit den neuesten Koordinaten. Näher und näher rückte der Landeplatz in einer unwirtlichen Gegend.

Um überhaupt ein Gefühl für die Landeeinteilung zu bekommen, wurde die Landebahn

Rechte Seite, oben: Diese Flying Tiger DC8-63F (N781 FT) verwandelte sich binnen kurzer Zeit in die schmucke -73CF (D-ADUI). Hier noch während einer Kontrolle bei FT in Los Angeles

Unten: Der lange Rumpf und die schmalen Tragflächen sind typisch für dieses Flugzeugmuster

FLYING TIGERS
DC-8-63F
N781FT

German Cargo

Cargo
UO

mehrfach überflogen. Frühzeitig müssen dabei die Landeklappen auf 23° gefahren, die Triebwerksleistung für den Anflug ermittelt, das Fahrwerk ausgefahren und die Klappen im Endanflug auf 50° ausgefahren werden. Erst als man sich über den Anflug ganz sicher war, erfolgte die sanfte Landung, denn große Erschütterungen konnte der Satellit nicht vertragen. Das nächste Problem waren die sehr schmalen Rollwege. Das Fahrwerk passte gerade noch auf die Betonplatten, doch wäre es für die laufenden Triebwerke über dem Wüstensand nicht sehr angenehm gewesen, als übergroße Staubsauger zu fungieren. Das Flugzeug wurde erst einmal auf der Landebahn geparkt, die äußeren Triebwerke abgestellt und nach dem Abkühlen mit den inneren Triebwerken auf dem zu schmalen Taxiweg zur Parkposition gerollt. Wochen zuvor war auf dem Landwege ein großer Hubwagen zum Entladen der sensiblen Fracht von Peking kommend auf dem Flugplatz Nr. 14 eingetroffen. Fünf Stunden dauerte die Ausladeprozedur, bis der Satellit auf einem LKW fachgerecht verladen war. Doch dieser Transport war nicht von langer Dauer. Nach einigen Kilometern endete die Fahrt an einem Bahnhof. Die mitgereiste Flugzeugbesatzung traute ihren Augen nicht, als eine laut schnaubende Dampflok mit antiquierten Eisenbahnwaggons erschien. Ein weiteres zeitraubendes Umladen begann, bis sich endlich das urtümliche Gefährt in Bewegung setzte und nach einer Stunde Fahrzeit das Raketenzentrum erreichte. Das wertvolle Gut wurde ausgeladen und wie es sich gehört mit Hightechequipment auf seine Funktionalität überprüft. Diese ersten Tests dauerten zehn Stunden, in denen sich die Besatzung etwas auf dem Raketengelände umsehen konnte. Ohne Zeitdruck wurde die DC8 auf den Rückflug vorbereitet und damit ein erfolgreiches Unternehmen beendet. Alle Bodentests mit dem Satelliten verliefen weiterhin erfolgreich und auch der Start der Rakete „Langer Marsch II" am 6. Oktober 1992 mit dem Satelliten „Freja" und einem zweiten chinesischen Satelliten an Bord war ein Erfolg.

Der Flug von hunderttausend Mücken

Kurios begann die Aktion „Mückenlarve", die mit der DC8-Flotte über sechs Monate andauerte.

Ein GCS-Mitarbeiter entdeckte in einer Tageszeitung eine kleine Meldung über eine sich schnell ausbreitende Tierseuche in Libyen. Durch den gefährlichen Schädling, die Schraubenwurmfliege ausgelöst, suchte die FAO (Landwirtschaftsorganisation der Vereinten Nationen) eine Möglichkeit, zu deren Bekämpfung bestimmte Fliegenlarven von Mexiko nach Libyen zu transportieren. In süd- und mittelamerikanischen Gebieten, wo diese Seuche bereits vermehrt aufgetreten war, hatte man Erfahrung mit der Bekämpfung gesammelt und Erfolge vorzuweisen, indem man im Larvenstadium der Mücken eine Bestrahlung vornahm und sie dadurch unfruchtbar machte. Zu Tausenden in den Verbreitungsgebieten ausgesetzt, verhinderte man somit eine weitere Vermehrung.

Für den Transport dieser hoch empfindlichen Fracht wurde bei GCS ein Team unter der Leitung von Wolfgang Duffner, dem Chef der Verkehrsabwicklung, gebildet. Das Ergebnis wurde der FAO vorgeschlagen, worauf kurze Zeit später der Auftrag erteilt wurde, bei dem es in erster Linie darum ging, alle Bedingungen, die für eine erfolgreiche Durchführung erforderlich waren, zu überprüfen. Ein geeigneter Flugplatz im Süden Mexikos war dafür erforderlich. Die kürzeste Flugstrecke nach Libyen musste ermittelt werden, die es ermöglichte, über einen längeren Zeitraum den Transport dieser sehr empfindlichen Larven sicherzustellen. Für den Reifeprozess der Larven mußte die Temperatur in der Kabine konstant auf 20° C gehalten werden. Der Ausgangspunkt war die Stadt Tuxtla in der Provinz Chiapas im Süden Mexikos, die nur über einen kleinen Regionalflughafen mit einer kurzen Startbahn von 2500 m Länge verfügte. Diese Stadt wurde gewählt, weil nur ganz bestimmte Betriebe im Umland in der Lage waren, diese Mückenlarven so zu bestrahlen, dass die männlichen Mücken unfruchtbar waren. Für den DC8-Betrieb mussten nun die gesamten Bodengeräte, wie zum Beispiel das Luftstartgerät, Stromversorgungseinheit und Hebebühnen herangeschafft werden. Da es nicht möglich ist, in einem Stück von Tuxtla aus Tripolis zu erreichen, suchte und fand man eine Möglichkeit für einen Zwischenstopp. Als geeigneter Platz erschien der halbmilitärische Flugplatz auf den Bermudas. Auf diplomatischem Weg wurden die Genehmigungen eingeholt und das Unternehmen konnte beginnen. Hunderte von Pappkartons, gefüllt mit Tausenden von Mückenlarven, befestigt auf Flugzeugpaletten, wurden in die DC8 verladen. Über die Bermudas, wo jedesmal ein Besatzungswechsel vorgenommen wurde, führte der Weg direkt in die libysche Hauptstadt. In Tripolis angekommen, wechselte die lebende Fracht in kleinere Flugzeuge, die sie wiederum in die betroffenen Regionen brachte. Über dem Zielgebiet wurden im Tiefflug die Pappkartons mit den bereits geschlüpften Mücken abgeworfen. Die Pappkartons platzten am Boden auf und das Ausschwärmen begann.

Die ersten DC8-Flüge begannen Anfang Mai 1991. Nach einem halben Jahr konnte diese Aktion erfolgreich abgeschlossen werden. Insgesamt wurden 40 Millionen Fliegenlarven von Tuxtla über die Bermudas nach Tripolis transportiert. Die Seuche wurde gebannt und ist bisher in Libyen nicht wieder aufgetreten.

Vorkommnisse positiver oder negativer Art, die Fluggesellschaften mit ihren Flugzeugen haben, werden normalerweise an die Flugzeughersteller gemeldet. Die daraus eventuell resultierenden Modifikationen oder Vorschriften werden in aller Regel an alle Betreiber dieses Flugzeugmusters verteilt und zur Einführung beziehungsweise Einarbeitung vorgeschlagen. Ein Vorfall bei GCS, der an Douglas gemeldet wurde, ereignete sich 1990 bei einer DC8-Landung in Kairo.

Es ist ein ruhiger, angenehmer Flug. Die Fracht besteht diesmal aus Maschinenteilen und Laboreinrichtungen. So gut wie das Wetter ist auch die Stimmung an Bord. Auch der ägyptische Kontroller begrüßte die Crew nach Einflug in den eigenen Luftraum mit einem freundlichen Hallo. Eine Kurskorrektur wird gewünscht und der Anflug auf Kairo vorbereitet; die Landeklappen auf 23° gefahren und die Triebwerksleistung etwas reduziert. Der Anflug auf den Flughafen von Kairo wird mit einer Kurve auf den Gleitpfad eingeleitet. Das Fahrwerk ausgefahren und die Landeklappen auf 50° gesetzt.

Der Kapitän verfolgt auf dem ADI (Attitude Director Indicator), wie die Anzeigenadeln sich vor dem künstlichen Horizont in der Mitte kreuzen und damit die genaue Lage auf dem Gleitpfad anzeigen. Im Kopfhörer meldet sich in gebrochenem Englisch die Stimme der Bodenkontrolle und erteilt die Landeerlaubnis. Die Geschwindigkeit wird weiter reduziert. Näher und näher rückt der Aufsetzpunkt. Der Anfang der Landebahn ist überflogen, noch zehn Meter Höhe, die Schubhebel werden ganz zurückgenommen, leicht wird die Nase gehoben und sanft setzt der große Vogel am gewünschten Landepunkt auf. Sachte erhält das Bugfahrwerk Bodenkontakt. Unverhofft beginnen in diesem Moment beide Steuersäulen kräftig zu vibrieren, die Spoilerklappen, welche am Boden durch komplettes Ausfahren die Bremswirkung mit unterstützen sollen, fahren ein, gelbe Warnanzeigen deuten auf Pack Trip (Abschalten der Druck-Klima-Anlage) und noch schlimmer, die Bremsen versagen ihre Wirkung. Mit so vielen Warnungen und Fehlfunktionen war die Besatzung noch nie konfrontiert worden. Näher und näher kommt das Ende der Landebahn. Nun spielt es keine Rolle mehr, aus technischen Gründen nur mit zwei Triebwerken nach der Landung auf Umkehrschub zu gehen, jetzt heißt es alles oder nichts. Die Maschine wird durch den maximalen Umkehrschub durchgeschüttelt. Fest in die Anschnallgurte gepresst, betätigt der Kapitän den roten Hebel des Notbremssystems. Gott sei Dank, die DC8 reagiert, wird langsamer, das Landebahnende rückt langsam näher.

Und auf einmal ist der Spuk vorbei, die Maschine steht kurz vor dem Ende der Bahn.

Schweißüberströmt, immer noch fest angeschnallt und ohne ein Wort herauszubringen, sitzen die drei Besatzungsmitglieder vor ihren Instrumentenbrettern und können das Geschehene noch gar nicht fassen. Aus dem Lautsprecher ertönt die Stimme vom Kontrollturm, ob alles in Ordnung sei? Der Kapitän hat als Erster seine Stimme wieder.

Knapp und präzise schildert er die Situation. Die Feuerwehr, welche mittlerweile die Maschine eingekreist hat, braucht nicht einzugreifen. Eine Treppe wird herbeigekarrt. Auf dem Weg zur Bodenkontrolle werden von der Crew alle Möglichkeiten durchdacht, doch so viele Fehler auf einmal? Das Flugzeug hat, mittlerweile an einem Schlepper hängend, die Landebahn verlassen und die dafür vorgesehene Parkposition erreicht. Mit der Wartungszentrale in Frankfurt wird über Funk Kontakt aufgenommen und nacheinander alle infrage kommenden Systeme überprüft. Dabei findet man diese Stelle, an der all diese Systeme eine Verbindung haben und auch den Grund für das bis dato unbekannte Zusammenkommen so vieler Warnungen und Fehlfunktionen.

Es lag an einem gebrochenen Gestänge am Bugfahrwerk, das normalerweise ein eingebautes Schalterpaar betätigen sollte. Diverse Flugzeugsysteme erhalten damit auf elektrischem Weg die Mitteilung über den Bodenzustand des Flugzeuges. Da dieses nicht geschah, wurde ein Flugzustand am Boden angenommen, der die unterschiedlichsten Auswirkungen hatte. So sprach zum Beispiel die Überziehwarnung an, die einen Vibrator an den Steuersäulen in Gang setzte, oder das Antiblockiersystem verhinderte das Bremsen (das Bremsen im Fluge wird verhindert, um nicht mit gesetzten Bremsen aufzusetzen), die zweifunktionalen Spoilerklappen, sie wirken am Boden wie Bremsklappen, im Fluge unterstützen sie mit einem wesentlich geringeren Ausschlag die Querruder, fuhren ein, und nicht zuletzt die Warnungen der Druck-Klima-Anlage, die durch das Nichtanfahren der Bodenkühlturbinen einen zu geringen Luftfluss meldete.

Das gebrochene Gestänge wurde auf der Station Kairo gewechselt, alle notwendigen Funktionskontrollen durchgeführt und dem Weiterflug stand nichts mehr im Wege.

Dieser Vorfall wurde dem Flugzeughersteller Douglas übermittelt, der dieses zum Anlass nahm, seine Vorschriften dahingehend zu ändern. Heute werden diese Erfahrungen bereits in den DC8-Flugsimulatoren weltweit geschult.

Für den weiteren DC8-73-Betrieb konnten die technischen Voraussetzungen auf dem

Frankfurter Flughafen weiter verbessert und ausgebaut werden, sodass es möglich war, auch größere Checks durchzuführen. Das hieß, in ganz bestimmten Abständen wurden, um die Sicherheit zu gewährleisten, Sichtkontrollen, Funktionskontrollen und Servicearbeiten am Flugzeug durchgeführt. Diese begannen bereits vor beziehungsweise nach jedem Flug. In der Intensität sich steigernd, folgte die wöchentliche Kontrolle und danach der sogenannte A-Check. Dieses Ereignis wurde alle 220 Flugstunden durchgeführt. Das nächstgrößere Kontrollereignis war der B-Check, der nach 660 Flugstunden vorgenommen werden musste. Als größtes Ereignis vor der Teilüberholung galt der C-Check, der alle 3600 Flugstunden durchzuführen war. Bei diesem Check werden fast alle Systeme überprüft und intensive Sichtkontrollen an der Struktur, den Seilzügen beziehungsweise Umlenkrollen durchgeführt. Insgesamt werden dafür 3000 Mannstunden benötigt.

Die Durchführung des D-Checks erfolgte nun auch in Frankfurt. In einer sechs Wochen andauernden Liegezeit wurde die DC8 bis auf den Rumpf und Tragflächen auseinander genommen. Fahrwerke, Triebwerke, Stellmotoren, Radiogeräte und Instrumente in Nebenwerkstätten beziehungsweise bei den jeweiligen Herstellern auf Herz und Nieren überprüft, und wenn alles in Ordnung war, wieder eingebaut. Danach gingen die Lackierer ans Werk. Nach einem Testflug mit Prüferabnahme stand das Flugzeug wie aus dem Ei gepellt dem Flugbetrieb wieder zur Verfügung.

Durch dieses Wartungssystem konnte die Lebensdauer der fünf betriebenen DC8-73-Flugzeuge erheblich gesteigert werden. Mit über 77 000 Flugstunden und 24 201 Landungen war das Flugzeug mit der Kennung D-ADUI Spitzenreiter der Flotte.

Turbulenzen im internationalen Flugverkehr, aber auch innerhalb Lufthansa führten zu einem rigorosen Konzern-Umbau. Am 14. Mai 1991 berief der Aufsichtsrat Jürgen Weber, bisher stellvertretender Vorstandsvorsitzender und Chef der Technik, zum Nachfolger des ausscheidenden Heinz Ruhnau, der nun die große Aufgabe übernahm, den Konzern sukzessive zu privatisieren. Zum 1. Mai 1993 wurde German Cargo Services in Lufthansa Cargo Airlines umbenannt, was auch zu einem neuen Erscheinungsbild führte. Aus der GCS-Technik wurde Condor-Cargo-Technik. Alle nun von LCA betriebenen Flugzeuge erhielten nach und nach die neue Aufschrift „Lufthansa Cargo". Die erste davon betroffene DC8 war die D-ADUE. Nach ihrem D-Check in Frankfurt wurde die Maschine nach Hamburg überführt und in der neuen Lackierhalle mit dem neuen Outfit versehen.

Am 14. Mai 1994 beschloss das Bundeskabinett, sich an der bevorstehenden Kapitalerhöhung nicht zu beteiligen, was darauf hinauslief, den Bundesanteil von 51,42% auf 38% zu senken. Lufthansa war nun ab dem 1. Januar 1995 ein privatwirtschaftliches Unternehmen mit Jürgen Weber als Vorstandsvorsitzender der Deutschen Lufthansa AG und den 100%-igen Töchtern Lufthansa Cargo AG mit Wilhelm Althen an der Spitze, Lufthansa Technik, Wolfgang Mayrhuber, Dr. Gerald Gallus, LSG Lufthansa Service Holding AG, Lufthansa CityLine GmbH und Condor Flugdienst GmbH. Bei Lufthansa Cargo AG, zu deren Flugzeugbestand mittlerweile fünf DC8-73, sechs Boeing B747-230B Combi (zu All Frighter umgebaut), vier B747-230F und einer Boeing B737-230F sowie eine B737-330F zählten, setzte allmählich eine Umorientierung ein. Man begann damit, sich von einigen Flugzeugmustern zu trennen, so zum Beispiel von den beiden B737-Maschinen, aber auch von den DC8-Flugzeugen. Für die sehr gut erhaltenen Frachtflugzeuge fand man sehr schnell einen Interessenten. Aerolease International Inc. mit ihrem Sitz in Miami, Florida, kaufte alle fünf DC8-Maschinen, um sie an Emery Worldwide weiter zu verleasen. Die DC8-73CF Flotte wurde wie folgt an Aerolease übergeben:

D-ADUI, LN 380, MSN 45991 wurde am 17. Juni 1996 an Aerolease übergeben und am 3. Oktober 1996 von Emery Worldwide geleast, N602AL.

D-ADUA, LN 401, MSN 46003 wurde am 15. August 1996 an Aerolease übergeben und am 3. Oktober 1996 von Emery Worldwide geleast, N603AL.

D-ADUE, LN 432, MSN 46044 wurde am 28. Februar 1997 an Aerolease übergeben und am 24. Juli 1997 von Emery Worldwide geleast, N606AL.

D-ADUO, LN 447, MSN 46047 wurde am 28. Februar 1997 an Aerolease übergeben und am 27. Mai 1997 von Emery Worldwide geleast, N604AL.

D-ADUC, LN 490, MSN 46106 wurde am 25. Oktober 1996 an Aerolease übergeben und am 15. November 1996 von Emery Worldwide geleast, N605AL.

Rechte Seite, oben:
Die erste Teilüberholung an einer GCS-DC8 (D-ADUE) in der Frankfurter Werft.

Unten:
Als weißer Riese verließ die ehemalige D-ADUI Lufthansa Cargo. Der neue Eigentümer ist Aerolease, der die Maschine an Emery Worldwide verleaste.

12 *Die kurzzeitig vermisste DC8*
Start ins Ungewisse

Die Douglas DC8 wurde, wie auch andere Flugzeugtypen, nicht von Unfällen verschont. Über 40 dieser Art, bei denen auch leider Menschenleben zu beklagen waren, ereigneten sich mit diesem Flugzeugtyp. So ereignete sich am 7. Oktober 1979 ein großes Unglück auf dem Athener Flughafen. Als eine mit 142 Passagieren und zwölf Besatzungsmitgliedern besetzte DC8-62, HB-IDE, LN312, MSN 45919, der Swissair bei regennasser Landebahn Aquaplaning bekam und über die Bahn hinausschoss. Das Flugzeug geriet in Brand, bei dem 14 Passagiere ums Leben kamen.

Ein Großteil dieser Unfällen war aber auf menschliches Versagen zurückzuführen.Stellvertretend für menschliche Falscheinschätzung einer Situation, bei der ein Flugzeug zu Bruch ging, war der Versuch, auf dem Frankfurter Flughafen mit einer DC8 auf einem kurzen, nur 1245 Meter langen Taxiweg zu starten.

Der Kontrollturm des Frankfurter Flughafens liegt noch im Dunkel der Nacht. Nieselregen und eine Außentemperatur von 9° C ergeben ein Wetter, bei dem man nicht einmal einen Hund auf die Straße schicken möchte. Es ist der 13. April 1988, früher Morgen. Das hektische Treiben auf dem Flughafenvorfeld nimmt zu. Flugzeuge aus der Werft werden von großen Flugzeugschleppern über die Rollbahnen gezogen, um sie auf der festgelegten Position bereitzustellen. Tankfahrzeuge tasten sich zu ihren Maschinen. Highloader, diese nur aus Motor, Führerplattform und Hebebühnen bestehenden Ungetüme, werden an die Flugzeuge gebracht, um diese zu beladen. Der Kontroller hinter der regennassen Kontrollturmscheibe erkennt dieses Treiben nur schemenhaft, zumal noch tausende Lampen sich auf dem nassen Beton spiegeln. Sein Blick wandert zur Uhr, es ist 05:13 Uhr Ortszeit. Aus dem Kopfhörer ertönt die Stimme eines Piloten, der nun um Freigabe zum Rollen bis zum Startpunkt bittet. Der Mann im Tower überprüft kurz alle Daten und erteilt dem Kapitän einer DC8 der Ogoue Air Cargo die Rollerlaubnis. Die Cockpitcrew der DC8-73 ist erleichtert, wird sie doch bald aus diesem nasskalten Aprilwetter herauskommen.

Die Maschine von der gabonischen Frachtfluggesellschaft Ogoue Air Cargo ist mit 33 Tonnen Fracht beladen und soll heute noch in New York bei hoffentlich besserem Wetter, so sagen es zumindest die Wettervorhersagen, entladen werden. Die Triebwerke des Typs CFM65 werden nacheinander gestartet, die elektrische Stromversorgung auf Bordversorgung umgeschaltet. Über Interphone wird dem abzufertigenden Wart angedeutet, das Bodenstromaggregat abzustellen und zu entfernen. Ein letztes Zeichen, ein O.K. vom durchnässten Mechaniker und die Bremsen werden gelöst. Zögerlich setzt sich das voll beladene Flugzeug in Bewegung, verlässt die Position F-217 und sucht seinen Weg mit eingeschalteten Scheinwerfern entlang der gelben Markierungslinie. Die Rollfreigabe über Rollbahn „N" und „W" bis zum Startpunkt der Startbahn 18 West ist erteilt. Die erste Kurve und dann die lange Gerade bis zur Startbahn. Die vielen Begrenzungslampen, die sich im Dunkeln auf der nassen Oberfläche spiegeln, und in kurzer Entfernung vor der Maschine rote Rollhaltepunktleuchten verwirren die Crew. Hatte man schon die Startbahn erreicht? Ein Blick auf die Karte gibt auch keinen Anhaltspunkt. Der Kapitän schaut aus seinem seitlichen Fenster, versucht an markanten Stellen seine Position herauszufinden. Links erkennt er eine lange Lichterkette, die nach Süden führt. Auf der rechten Seite dasselbe. Also kann es sich hierbei nur um die Begrenzungsleuchten der Startbahn handeln. So oft war er noch nicht hier gewesen, um bei diesem Wetter alle markanten Stellen zu erkennen. Der Flugingenieur bezweifelt, dass es sich hierbei um die Startbahn West handelt.

Nach einer kurzen Diskussion trifft der Kapitän die Entscheidung, das ist die Startbahn. Langsam dreht die Maschine in Startposition. Eine kurze Ansage in das Mikrofon und prompt wird die Startfreigabe erteilt. „Good bye", es ist 05:22 Uhr, die Bremsen werden gelöst und alle vier Schubhebel in die Startposition geschoben. Die Triebwerke folgen dem Befehl und drehen hoch. Das Flugzeug beschleunigt schnell, Wasserfontänen spritzen auf. Der Fahrtmesser steigt stetig, 80 Kts, 100 Kts, 110 Kts ... und plötzlich, die Maschine neigt sich nach vorne, ein dumpfer Schlag am Bugfahrwerk. Es gräbt sich in den total aufgeweichten Boden. Der Kapitän reißt die Schubhebel zurück, stellt alle Triebwerke auf Umkehrschub, doch die Triebwerke fressen sich in die nasse Erde und brechen aber dann nach oben weg. Das rechte Hauptfahrwerk knickt nach innen und pflügt weiter eine tiefe Furche ins Erdreich, bis endlich, nach 710 m der Spuk ein Ende hat. Eingegraben im tiefen Boden liegt das Flugzeug nun da, ohne Beleuchtung mit einer Gott sei Dank unverletzten, aber fassungslosen Crew. Auch im Kontrollturm herrschte mittlerweile Ratlosigkeit. Wo war denn die DC8 geblieben? Nach der Startfreigabe wurde die Maschine an die Abflugkontrolle weitergegeben, doch hier wartete man vergebens auf den ersten Funkspruch aus der Maschine, der blieb jedoch aus. Auch auf dem Radarschirm war keine Bewegung zu erkennen. Die Sicht war gleich null. Also was sollte geschehen. Die Feuerwehr wurde beauftragt, den ganzen Bereich der Startbahn West nach der Maschine abzusuchen. Und tatsächlich, nach einer fünfzehnminütigen Suche wird die Maschine im Morast liegend und total unbeleuchtet in Verlängerung und zur Rollbahn „W" und 710 Meter an deren Ende gefunden. Die Feuerwehr, die zuerst am Unfallort eintrifft, ist fassungslos. Hatte tatsächlich eine Besatzung mit einem so großen, voll beladenen Frachtflugzeug wie einer DC8 versucht, auf dem 1245 m langen Taxiway zu starten? Nun, es war geschehen und zum Glück ohne Verletzte. Im Unfallbericht lesen sich die nüchternen Fakten wie folgt:

Wetterlage zum Zeitpunkt des Unglücks: Windstille, Temperatur 9° C, Luftdruck 1010 hp, Sicht 1400 m, Nieselregen, Nebel, CAT II, Zeit 05:23 Uhr Ortszeit. Vier Mann Besatzung, drei Mann Cockpitcrew und ein Frachtbegleiter, alle unverletzt. Das Flugzeug ist eine DC8-73CF LN 446, MSN 46053, mit der Kennung TR-LTZ.

Die Auslieferung der DC8-63CF erfolgte am 28. März 1969 an Seaboard World Airlines. Zwischen April 1973 und März 1974 war die Maschine an Korean Air Lines ausgeliehen und am 27. November 1974 an die Regierung des afrikanischen Staates Gabun verkauft. Im August 1982 wurde das Flugzeug mit neuen CFM56-Triebwerken ausgerüstet und zur Version -73CF umgebaut. Kurzzeitig in Diensten bei Ogoue Air Cargo und nach dem Unfall erfolgte die Rückgabe an die Regierung von Gabun.

Erst im Hellen erkannte die Bergungsmannschaft das wahre Ausmaß der flugzeugseitigen Beschädigung am Flugzeug. Da die Maschine auf der rechten Seite bis zu den Tragflächen eingesackt war, hatten sich die Triebwerke aus der hinteren Verankerung (Sollbruchstelle) gelöst und waren nach oben abgeknickt. Beide Hauptfahrwerke waren nach innen geknickt und das Bugfahrwerk steckte bis zu den Klappen im Morast. Landeklappen, hauptsächlich auf der rechten Seite, waren abgerissen. Und nun stellte sich die Frage, wie bekommt man ein so schweres Flugzeug aus dem Dreck? Mit Hilfe von German-Cargo-Personal begann man damit, einen Plan zur Bergung zu entwickeln. Natürlich wurde die Maschine zuerst enttankt und entladen. Lufthebekissen wurden unter die Tragflächen positioniert und aufgeblasen. Zuvor waren die Triebwerke abgetrennt worden. Nachdem das Flugzeug ganz aus dem Erdreich gehoben war, wurde das Fahrwerk manuell ausgefahren und verriegelt. Bremsen und Laufräder wurden gewechselt. Zwischenzeitlich hatte man damit begonnen eine Behelfsstraße mit einer Länge von 60 Metern und einer Breite von elf Metern zu bauen. Insgesamt dauerte die Bergung zwei Monate, bis endlich die Maschine am 16. Juni 1988 an einem Flugzeugschlepper hängend zur Abstellposition F235A geschleppt wurde. Für die Zeit des Schleppvorgangs über die Startbahn West und den Abtransport der Stahlbleche, die über den Behelfsweg gelegt waren, war der gesamte Flugverkehr gesperrt. Von einem UTA-Technikerteam und Unterstützung von GCS wurde die Maschine wieder aufgerüstet und dem Eigentümer flugfähig übergeben.

13 Anhang

Die Produktionsliste im Anhang soll einen Überblick über alle gefertigten Douglas-DC8-Flugzeuge geben und ein klein wenig den Werdegang der einzelnen Flugzeuge aufzeigen. Dazu ist es notwendig, an dieser Stelle einige Erklärungen über verwendete Abkürzungen zu geben. In der Spalte „Folgehalter" war es aus Platzgründen nicht immer möglich alle Betreiber mit aufzuführen. In der Spalte „Auslieferung" bedeutet das * = Erstflug bei Douglas.

Eine Umbenennung gab es bei Kalitta, neuer Name dafür Kitty Hawk.

Abkürzungen:

LN – Linenumber, MSN – Manufacturers Serial Number, F – Freighter, CF – Combi/Freighter (Bezeichnung bei -54 und -55 auch JT), H – Heavies, PF – strukturelle Verstärkung für eventuelle Frachtversion, AF – All Freighter

ACS – Air Charter Systems,
ADV – Advance Air Charters,
ARCA – ARCA Columbia,
ATC – Air Tanzania,
ATI – Air Transport International,
AUA – Austrian Airlines,
CCT – Condor Cargo Technik,
CDG – Flughafen Charles de Gaulle,
CP Air – Canadian Pacific Airlines,
DHL – DHL Worldwide Express,
DLH – Deutsche Lufthansa AG,
FAA – Federal Aviation Administration,
FT – Flying Tiger Line,
GATX – GATX Capital Corp.,
GCS – German Cargo Services,
ICX – International Cargo Express,
JAL – Japan Air Lines,
KLM – Koninklijke Luchtvaart Maatschappij,
LACSA – Lineas Aereas Costarrienses S.A.,
LAP – Lines Aereas Paraquayas,
LCA – Lufthansa Cargo Airlines,
MDD – Mc Donnell Douglas,
ONA – Overseas National Airways,
PAA – Pan American World Airways,
SAS – Scandinavian Airlines System,
SW – Seaboard World Airlines,
TCA – Trans Canada Airlines,
TAE Trabajos Aereos y Enlaces,
TEA – Trans European Airways,
TAI – Transport Aeriens Intercontinentaux,
TIA – Trans International Airlines,
TMA – Trans Mediterranean Airways,
TPI – Trans Jamaica Airlines,
UA – United Airlines,
UAT – Union Aeromaritime de Transport,
UAL – United Airline Leasing,
UPS – United Parcel Service,
UTA – Union de Transports Aeriens,
VIASA – Venezolana International de Aviacion, S.A., WA – World Airways

Übersicht aller DC8-Flugzeuge

LN	MSN	Typ	Kennung	Auslieferung	Erstbetreiber	Folgehalter	Aktuell
1	45252	11	N8008D	*30.05.58	Douglas	National Airl. umgeb.-51,DLH	Fine Airl. XA-DOE,stillgel.18.03.98
2	45278	21	N8018D	*29.11.58	Douglas	UA , N8001U ausg.01.11.60	stillgelegt 23.01.1978
3	45279	11	N8028D	*22.12.58	Douglas	UA , -12, N8002U, -21	stillgelegt 22.02.78
4	45280	11	N8038D	*02.01.59	Douglas	UA umg..-12,N8003U ausg. 16.6.60	Orbis,-21,N220RB,stillge.15.04.94
5	45253	32	N800PA	*20.02.59	Pan American	Panair,PP-PEA,VARIG,N800PA	Absturz 04.03.67
6	45254	33	N801PA	*30.06.59	Pan American	Delta,N8016,Charlott Air	verschrottet 01.84
7	45255	33	N8068D	*25.03.59	Douglas	PAA,N802PA,Delta,N8027	Trasp.Aeros Trafe LV-LTP,stillg.06.82
8	45281	11	N8004U	29.05.59	United Airlines	umgb.-21	stillgelegt 04.01.78
9	45442	41	N6577C	*23.07.59	Douglas	Trans Canada Airl.CF-TJA, -43	Aeron.del Peru OBR1205still.30.09.82
10	45282	10	N8005U	27.06.1959	United Airlines	umgeb.-21,Boeing, UA,	stillgelegt 11.01.1978
11	45283	11	N8006U	19.08.1959	United Airlines	umgeb.-21,Boeing, UA,	stillge. 21.08.78
12	45284	11	N8007U	25.08.1959	United Airlines	umgeb.-51,10.1963	stillgelegt 26.05.1981
13	45285	11	N8008U	03.09.1959	United Airlines	umgb.-51,Faucett,OB-1296	stillgelegt 02.03.93
14	45408	11	N801E	21.07.1959	Delta Air Lines	umgb.-51,07.63,Douglas	FB Air, stillgelegt 21.07.77
15	45286	11	N8009U	14.09.1959	United Airlines	umgb.-51,TPI Int.Airw.	stillgelegt 01.01.1984
16	45287	11	N8010U	29.09.1959	United Airlines	umgebaut -51	verschrottet 29.07.81

LN	MSN	Typ	Kennung	Auslieferung	Erstbetreiber	Folgehalter	Aktuell
17	45288	11	N8011U	22.10.1959	United Airlines	umgb.-51,TPI Int.Airw.	stillgelegt 01.01.84
18	45443	41	N6578C	* 1959	Douglas	ausgel.25.05.60 anTCA,CF-TJB	Air Canada, stillge. 01.01.80
19	45409	11	N802E	14.09.1959	Delta Air Lines		Absturz 30.03.67
20	45289	11	N8012U	18.12.1959	United Airlines	-21,-21C,N579JC,Concord Int.	Barron Thomas Av., stillge.15.12.85
21	45410	11	N803E	10.10.1959	Delta Air Lines	umgb.-51F,Agro Int.HI-595CA,	Midas Airl.,YV-505C,stillge.13.08.94
22	45290	11	N8013U	22.12.1959	United Airlines		Absturz,16.12.60
23	45411	11	N804E	27.10.1959	Delta Air Lines	umgb.-51,Mackey Int.Airl	Barocas,stillgelegt 21.08.89
24	45412	11	N805E	04.11.1959	Delta Air Lines	umgb.-51,EC-DKH,Trab.Aero.	FB Air Corp.stillge. 01.09.83
25	45413	11	N806E	11.11.1959	Delta Air Lines	umgb.-51,Barcllays.American	Navaero Avition,stillgelegt 01.08.86
26	45588	11	N8014U	18.11.1959	United Airlines	umgebaut -21	stillgelegt 06.02.78
27	45589	11	N8015U	21.11.1959	United Airlines	umgb.-21,Florida Air Leases	American Jet,N8015U,still.04.10.82
28	45590	11	N8016U	02.12.1959	United Airlines	umgeb.-21,Boeing	stillgelegt 22.11.77
29	45591	11	N8017U	05.12.1959	United Airlines	umgb.-21,-21F,Trop.Air Transp.	Commercial Air Tr., still.01.10.81
30	45291	21	N8018U	28.02.1960	United Airlines	Zantop Int.Airl.19.04.78	stillge. 01.05.78
31	45444	41	CF-TJC	27.03.1960	Trans Canada Airl.	Air Canada,N72488,Int.AirLeas	stillgelegt 01.05.80
32	45592	11	N8019U	30.12.1959	United Airlines	umgb.-21,Boeing,08.78	stillgelegt 18.08.78
33	45593	11	N8020U	04.01.1960	United Airlines	umgb.-21,Playmouth Leas.	stillgelegt 17.03.78
34	45422	21	N8601	03.01.1960	Eastern Air Lines	Air Spain,EC-BXR,N48CA,	American Jet, N48CA, stillge.20.12.76
35	45594	21	N8021U	21.01.1960	United Airlines	umgb.-21F,JFC Enterp.N580JC	stillgelegt 15.06.87
36	45423	21	N8602	22.01.1960	Eastern Air Lines	Air Spain,EC-CAD, Eastern,	Zaire Inern.Cargo, stillge.26.03.76
37	45424	21	N8603	14.02.1960	Eastern Air Lines	Air Spain,EC-CDB,Conner Air	stillgelegt 01.12.87
38	45391	21	N6571C	07.02.1960	National Airlines	Pan Aero Int,AntiguaCaribAir	Barron Thomas Av., stillge.15.12.84
39	45595	21	N8022U	17.02.1960	United Airlines	Boeing,Polair,Jet Traders Inv.	Commercial Air Tr. stillge. 15.12.85
40	45256	32	N803PA	07.02.1960	Pan American	Delta,N8038A,SAS LN-PIP	versch.85,Kopenhagen
41	45425	21	N8604	19.02.1960	Eastern Air Lines	Concare Air,AirHaiti lsd.10.73	American Jet, stillge. 04.07.77
42	45445	41	CF-TJD	07.02.1960	Trans Canada Airl.	AirCanada,AirCeylon,4R-ACT	FB Air Corp., stillge.01.07.80
43	45292	21	N8023U	26.02.1960	United Airlines	Boeing	stillge. 23.11.77
44	45257	32	N804PA	17.03.1960	Pan American	UA,N8240U,umgeb.-32C,ATI,Zantop	stillgel. 25.10.1988
45	45392	21	N6572C	07.03.1960	National Airlines	Pegasus Int.05.1973	stillgelegt 01.02.85
46	45258	32	N805PA	20.03.1960	Pan American	UA,N8243U,ONA,umgb.-32C	PK Finans, stillgel. 01.12.87
47	45293	21	N8024U	06.04.1960	United Airlines	Boeing,JetTraders,Concord	stillgelegt 01.10.81
48	45376	32	PH-DCA	19.03.1960	KLM	Belg.Int.Air,OO-AMI,Capitol,	National, N904CL, stillge. 28.04.81
49	45426	21	N8605	09.04.1960	Eastern Air Lines	Air Spain,EC-BZQ,Aerovias	N8605, stillge. 22.02.74
50	45384	32	OY-KTA	31.03.1960	SAS	Thai,HS-TGT,UAL N718UA -33C	Apisa AC OBT-1316, zerst. 10.08.89
51	45294	21	N8025U	12.04.1960	United Airlines	Playmouth Leasing Corp.	UA, stillgelegt 01.01.81
52	45274	31	N8274H	06.04.1960	Pan American Grace	Braniff,Capitol,National,Capitol	Vuelos Esp.Liberian, stillgel. 24.10.86
53	45377	33	PH-DCB	18.04.1960	KLM	Garuda,VIASA,umgb.-33F,Conner	N53CA, stillgelegt 03.05.95
54	45416	32	HB-IDA	22.04.1960	Swissair	Südflug,D-ADIM,umgb.-32F	LAC, HK-3178, stillge. 15.01.92
55	45385	32	LN-MOA	04.05.1960	SAS	UA Leasing,umgb.-33F,Zantop	UAL, N716UA, stillge. 01.01.83
56	45427	21	N8606	26.04.1960	Eastern Air Lines	Air Spain,EC-CAM,Zaire Intern.	stillgelegt 01.01.81
57	45598	42	I-DIWA	28.04.1960	Alitalia	Saudia,Int.Air Lease umgb.-43F	Aeronaves, Abst. 01.08.80 Mexico
58	45259	32	N806PA	07.05.1960	Pan American	UA,N8245U,umgb.-32F,Rosenbalm	Transafrik, S9-NAS, stillgel. 30.09.92
59	45378	33	PH-DCC	09.05.1960	KLM	Philippine Airl,PI-C827,N833FA	FB Air, stillge. 01.07.80
60	45602	32	N801US	18.05.1960	Northwest Orient	National,N7181C,Spear OH-SOB	verschrottet 1981, Jeddah
61	45428	21	N8607	22.05.1960	Eastern Air Lines		Absturz, NewOrl. 25.02.1964
62	45386	32	SE-DBA	11.05.1960	SAS	Thai,HS-TGS,-33C,UAL N715UA	Aeron.del Peru, Abst., Iquitos, 11.09.80
63	45295	21	N8026U	17.05.1960	United Airlines	Sunland Air.,umgb.-21C, Jet Way	stillgelegt 31.03.90
64	45275	31	N8275H	25.05.1960	Pan American Grace	Braniff,UA;N8207U,umgb.-31F	Conner, stillgel. 01.01.81
65	45296	21	N8027U	25.05.1960	United Airlines	umgb.-21C,Southern, Aero Leon	Southern, XA-LSA, stillge. 31.03.90
66	45260	32	N807PA	03.06.1960	Pan American	UA,N8209U, ATL,N711LF,umgb.-32C	Zantop, N8209U stillg. 12.03.86
67	45297	21	N8028U	08.06.1960	United Airlines	Egyptair	stillgelegt 31.03.90
68	45261	32	N808PA	10.06.1960	Pan American	UA,N8215U,umgb.-32C,	Conner, stillgel. 01.12.87
69	45417	32	HB-IDB	19.06.1960	Swissair	umgb.-53,Cargolux,LX-IDB	United Afric. Airl., stillgel. 07.11.83
70	45262	32	N809PA	22.06.1960	Pan American	UA,N8246U,umgb.-32C,Rosenbalm	IAS, 01.08.86
71	45567	32	N9601Z	* 1960	Douglas	ausg.27.06.60 UAT,F-BJLA,	Trabaj. Aereos EC-CDC, still. 15.12.84
72	45276	31	N8276H	29.06.1960	Pan American Grace	Braniff,Capitol,Capitol,UAL,	Rosenbalm, N906CL, stillge. 07.01.82
73	45599	42	I-DIWE	05.07.1960	Alitalia	umg.-43,Zambia,9J-ABR,IAS Cargo	British Cargo, verschr. 76, Bedfordshire
74	45603	32	N802US	03.07.1960	Northwest Orient	National,Kuwait Air,umgb.-32F	verschr. 90 ,Caracas
75	45379	33	PH-DCD	04.07.1960	KLM	Martinair,AfricanSafari,TAC	Transmeridian G-BETJ, stillg. 16.10.77
76	45387	32	OY-KTB	13.07.1960	SAS	UA,N8258U,umgb.-33C,Aerochago	stillgelegt 15.05.87
77	45263	32	N810PA	16.07.1960	Pan American	UA,N8217U,ATI,umgb.-32C	stillgelegt 02.06.85
78	45418	32	JA8001	16.07.1960	Japan Air Lines		stillgel. 74, Haneda
79	45600	42	I-DIWI	22.07.1960	Alitalia	Int.Air,N8418,Aeron.Peru,OBR1214,	42F, verschrottet 1988, Lima
80	45569	32	F-BIUY	31.07.1960	UTA	TAE,EC-CCN umgb.-33	stillgelegt 15.12.84
81	45419	32	JA8002	29.07.1960	Japan Air Lines	Americ. Jet,N420AJ,umgb.-32F	stillgelegt 19.06.91

LN	MSN	Typ	Kennung	Auslieferung	Erstbetreiber	Folgehalter	Aktuell
82	45429	21	N8608	08.08.1960	Eastern Air Lines	Air Spain,EC-CDB, Eastern,Omega,	TC-YBV, stillgelegt 18.09.84
83	45568	32	F-BJLB	05.08.1960	UAT	UTA,umgb.-53,TEA,EC-CMT	Air Afrique, TU-TCP, still. 24.09.85
84	45604	32	N803US	11.08.1960	Northwest Orient	UAT,F-BLLC,Air Ceylon,4R-ACQ	FB Air, N53KM verschr. 85, Miami
85	45298	21	N8029U	17.08.1960	United Airlines	Boeing, -21C,Tropical A.L.,HP-826	stillgelegt 31.03.90
86	45264	32	N811PA	23.08.1960	Pan American	UA,N8252U,ONA,umgb.-33F	verschr. 85, Miami
87	45380	32	PH-DCE	19.08.1960	KLM	Philip.Air,PI-C827,Evergreen	FB Air, N833DA, stillg. 01.11.85
88	45596	21	N8030U	29.09.1960	United Airlines	Zantop	verschr. 79, Illinois
89	45526	32	HB-IDC	29.08.1960	Swissair	Südflug,D-ADIR, Atlantis,Thai	10.05.73 verunglückt, Katmandu
90	45388	32	LN-MOT	31.08.1960	SAS	UA,N8266U,umgb.-32C,Evergreen	Aviat. Tech. & Resour., stillge. 01.04.86
91	45265	32	N812PA	10.09.1960	Pan American	Pomair,Air Ceylon,ONA	stillgel. 82, Medford
92	45299	21	N8031U	11.09.1960	United Airlines	Sunland,umgb.-21C,UAL	Playmouth Leas., stillge. 31.03.90
93	45420	32	JA8003	13.09.1960	Japan Air Lines	umgb.-53,-53F, Faucett,OB1223	Aeronaves d. Peru, stillgel. 01.09.90
94	45277	31	N8277H	30.09.1960	Pan American Grace	Braniff,Capitol,N8277H	Absturz, Atlant. City 28.04.68
95	45605	32	N804US	22.09.1960	Northwest Orient	National,N7183C,ONA	verschrottet 1977
96	45381	33	PH-DCF	24.09.1960	KLM	Martinair,Garuda,VIASA,UAL	YV-128C, stillge. 18.10.77
97	45597	21	N8032U	29.09.1960	United Airlines	Egyptair	verschr. 79, Kairo
98	45389	32	SE-DBB	30.09.1960	SAS	Thai,HS-TGR,UA,umgb.-33C	Zantop, N713UA, stillge. 01.01.83
99	45430	21	N8609	09.10.1960	Eastern Air Lines	Air Caledonia,Concare Air	American Jet, stillge. 01.01.81
100	45266	32	N813PA	13.10.1960	Pan American	Air Congo,9Q-CLE,Air Zaire	verschr. 87, Kinshasa
101	45300	21	N8033U	13.10.1960	United Airlines	Bahamas,Unit.Afric.Airl.5A-DGK	stillgel. 31.03.90
102	45267	32	N814PA	18.10.1960	Pan American	Delta,umgb.-33F Intercont.Airl.	Air Niagara, N814A, stillgel. 05.02.93
103	45431	21	N8610	23.10.1960	Eastern Air Lines	Concare Aircraft Leas.	Aerovias stillgelegt, 17.12.77
104	45268	32	N815PA	07.11.1960	Pan American	Air Congo, 9Q-CLF,Air Zaire	stillge. 01.09.74, Kinshasa
105	45432	21	N8611	28.10.1960	Eastern Air Lines	Aeronaves de Mexico XA-SAS	am 19.01.61 in New York zerstört
106	45382	33	PH-DCG	26.10.1960	KLM	Belg.Int.Air OO-CMB,Capitol	United African. Airl., stillge. 28.10.82
107	45601	43	I-DIWO	02.11.1960	Alitalia	ARCA, N453FA	verschr. 89, Kolumbien
108	45390	32	SE-DBC	11.11.1960	SAS	Thai,HS-TPG,-33F,UA N717UA	Cam Air Int., stillge. 15.08.86
109	45269	32	N816PA	10.11.1960	Pan American	Delta,N8166A,umgb.-33, Interc.-33FM	Transafrik, stillge. 01.11.89
110	45433	21	N8612	15.11.1960	Eastern Air Lines	National,N821F,umgb.-21F	Int. Airl. Supp., S9-NAN, stillgel. 30.12.91
111	45565	43	CF-TJE	17.11.1960	Trans Canada Airl.	FAA	zerstört bei Test, 78
112	45270	33	N817PA	15.12.1960	Pan American	Delta,N8170A,umgb.-33F	zerst. bei Betankung, 11.12.77, FL
113	45421	32	JA8005	23.11.1960	Japan Air Lines	UAL,umgb.-33F, S9-NAB	Transafrik, stillge. 28.09.89
114	45271	33	N818PA	22.12.1960	Pan American	Panair,PP-PEF,umgb.-33F	Intercont. Airw., stillge. 01.09.81
115	45606	32	N805US	04.01.1961	Northwest Orient	National, Andes,HC-BEI	Andes Airl.-33F, still. 01.06.85
116	45393	21	N6573C	09.12.1960	National Airlines	Air Caledonia,Southern Air Trp.	Rosenbalm, stillgelegt 11.10.76
117	45566	43	CF-TJF	14.12.1960	Trans Canada Airl.	Air Canada,Cargolux	stillge. 24.01.77, Luxemburg
118	45272	33	N819PA	21.03.1961	Pan American	Panair PP-PDS,umgb.-33C	Exp. Air OB-1456, stillge. 28.02.92
119	45609	42	CF-TJG	22.12.1960	Trans Canada Airl.	Air Canada,Int.Air Lease 8434B	stillgel. 01.10.80
120	45383	53	N9603Z	*20.12.60	Douglas	KLM PH-DCH,ausgel.13.07.61	zerst. Amsterdam 29.06.68
121	45273	33	N820PA	21.03.1961	Pan American	Panair PP-PDT	Absturz, Rio 20.08.62
122	45610	42	CF-TJH	12.01.1961	Trans Canada Airl.	Douglas umgb.-54F	Air Zaire 9Q-CLV, stillge. 01.04.98
123	45613	53	PH-DCI	03.04.1961	KLM	VISA YV-131C,Aeronav.d.Peru	verschr. 1985, Opa-Locka, FL
124	45620	43	CF-CPF	22.02.1961	Canadian Pacific Air	ARCA	stillgelegt 06.11.90
125	45304	12	N8037U	25.01.1961	United Airlines	umgb.-21,Sunland,umgb.-21C	Connie Kalitta, stillge. 15.04.87
126	45614	53	N9605Z	01.05.1961	Douglas	KLM PH-DCK,VIASA YV-132C	stillgel. 84, Miami, FL
127	45611	43	CF-TJI	02.02.1961	Trans Canada Airl.	Cubana CU-T-120,	Absturz, 06.10.76, Barbados
128	45301	52	N800EV	30.04.1961	United Airlines	Air New Zealand ZK-NZG	Evergreen, stillge. 31.03.90
129	45305	12	N8038U	08.02.1961	United Airlines	umgb.-21,Plymouth Leasing	stillgelegt 31.03.90
130	45623	43	N9604Z	*1960	Douglas	ausgel. 15.11.61 an CP, CF-CPG	verschr. 81, Opa-Locka
131	45615	53	PH-DCL	01.05.1961	KLM		Absturz, 30.05.61, Azoren
132	45621	43	CF-CPH	01.04.1961	Candian Pacific Air	FB Ayer&Associates	verschr. 83, Opa-Locka
133	45302	52	N8035U	18.05.1961	United Airlines	Air New Zealand,TPI	stillgelegt 31.03.90
134	45570	33	F-BIUZ	28.02.1961	TAI	UTA,L Ármee d Àir F-ZARK	umgb. -53, F-RAFE
135	45612	43	CF-TJJ	22.03.1961	Trans Canada Airl.	Cubana CU-T-12, Aero Peru	Capitol, N8021V, stillgel. 01.06.81
136	45617	52	EC-ARA	22.05.1961	Iberia		Absturz, 06.07.72, Las Palmas
137	45622	43	CF-CPI	20.05.1961	Canadian Pacific Air	FB Ayer&Associates	verschr. 82, Opa-Locka
138	45618	52	EC-ARB	27.05.1961	Iberia	Aviaco,Douglas,Nordair,ONA-52F	Connie Kalitta verschrottet, 25.02.92
139	45624	43	I-DIWU	28.04.1961	Alitalia	FB Ayer&Associates,ARCA	stillgelegt 30.11.89
140	45306	12	N8039U	11.04.1961	United Airlines	umgb.-21,ONA,National Airl.	stillgelegt 04.04.78
141	45303	52	N8036U	08.06.1961	United Airlines	Air New Zealand,Evergreen,N804EV	stillgelegt 31.03.90
142	45619	52	EC-ARC	19.06.1961	Iberia	Aerolineas Peruanas,Nordair,	Holidair, N893AF, verschr. 90, Miami
143	45626	33	JA8006	04.05.1961	Japan Air Lines	Americ.Jet,N124AJ, umgb.-33F,UAL	MSP Assoc., stillge. 15.07.87
144	45625	43	I-DIWB	31.05.1961	Alitalia		Absturz, 05.05.72, Palermo
145	45627	33	F-BJUV	03.06.1961	UTA	Air Afrique,TU-TCD	stillgelegt 28.10.79, CDG Paris
146	45307	12	N8040U	16.06.1961	United Airlines		zerst. nach Ldg. in Denver, 11.07.61

LN	MSN	Typ	Kennung	Auslieferung	Erstbetreiber	Folgehalter	Aktuell
147	45616	53	PH-DCM	24.06.1961	KLM	VIASA,YV-C-VIG,YV-129C	verschr. 85, Opa-Locka
148	45434	21	N8613	28.07.1961	Eastern Air Lines	Concare Aircraft Leas.	National Airlines Inc., stillge. 01.01.81
149	45435	21	N8614	15.08.1961	Eastern Air Lines	Concare,National,N820F,Tansafric,	Int. Airl. Supp., S9-NAS, stillge. 30.12.91
150	45436	21	N8615	06.09.1961	Eastern Air Lines	Air Haiti Isd.	American Jet, stillge. 04.07.77
151	45628	51	N8780R	06.11.1961	Trans Caribean Airw.	Douglas,Eastern,Kar-Air	Air Export, OH-KDM, still. 14.06.85
152	45437	21	N8819	23.10.1961	Eastern Air Lines	ONA N819F,PIA,umgb.-21F	Intern. Airl. Supp., stillge. 01.08.86
153	45636	43	I-DIWP	03.11.1961	Alitalia	ARCA,HK-1854	stillgelegt 08.09.97
154	45607	53	N9607Z	*1961	Douglas	ausgel.27.02.62,Philp.Airl.PI-C801	African Air Ch., 9Q-CQM
155	45608	53	N9608Z	*1961	Douglas	ausgel.27.04.64,Philip.Airl.,KLM	PH-DCP, verschr.87, Manila
156	45638	43	CF-TJK	16.12.1961	Trans Canada Airl.	Cubana CU-T-120	stillge. 01.01.81
157	45637	43	I-DIWR	01.02.1962	Alitalia	Zambia,Douglas umgb.-54F	Fine Air, N54FA, stillge. 15.11.92
158	45629	53	PH-DCN	17.01.1962	KLM	Aero Peru OB-R1116,Afric.Safari	Aviation Fac, S7-SIA, stillge. 24.10.85
159	45630	43	I-DIWF	28.02.1962	Alitalia		Absturz, 02.08.68, Malpensa
160	45631	43	I-DIWD	24.03.1962	Alitalia		Absturz, 06.07.62, Bombay
161	45634	51	N774C	23.02.1962	National Airlines	Braniff Airw.,N811BN	Sonico, verschr.83, Miami
162	45633	51	XA-NUS	10.05.1962	Aeronaves de Mexico		Absturz, 24.12.66, Mexico City
163	45635	51	N875C	06.04.1962	National Airlines	Air Jamaica,Braniff ,ARCA,-51F	ARCA, HK-2587X, stillge. 15.02.80
164	45632	53	PH-DCO	27.06.1962	KLM	Garuda, Gulfstream N121GA	ARCA, HK-3746X, stillge. 31.03.99
165	45641	51	N276C	25.05.1962	National Airlines	Aeromexico XA-DOD	FB Air, stillgelegt 14.05.90
166	45645	51	N807E	27.04.1962	Delta Air Lines	Philippines Airl. RP-C840	verschr. 84, Manila
167	45646	51	N808E	15.05.1962	Delta Air Lines	Philippines Airl.RP-C837	verschr. Mexico Cty
168	45647	53	JA8007	27.03.1962	Japan Air Lines	ONA N903R,Air Afrique	verschr. 86, Ohio
169	45648	51	N8781R	06.07.1962	Trans Caribean Airw.	Eastern, Air Jamaica,Aero Peru	stillgel. 84, Smyrna TN
170	45649	51	N809E	20.06.1962	Delta Air Lines	Air Maledives,8Q-PNB	Kalitta Serv. N805CK
171	45659	52	EC-ASN	04.10.1962	Iberia	Aerolinas Peruanas,Faucett	verschr. 91, Lima
172	45642	51	N877C	25.09.1962	National Airlines	Braniff,N813BN	Sonico, stillge. 02.11.85
173	45643	51	N278C	23.10.1962	National Airlines	Air Jamaica,Aero Peru,Capitol	verschr. Smyrna
174	45644	51	N779C	20.11.1962	National Airlines	Braniff N814BN, ARCA	verschrottet
175	45640	54F	N9609Z	*29.10.62	Douglas	TCA, CF-TJL,Air Canada,Cargolux	Zuliana, YV-460C, stillge. 15.10.98
176	45652	51	XA-PEI	24.11.1962	Aeronaves de Mexico		Absturz, Acapulco, 66
177	45650	51	N810E	12.12.1962	Delta Air Lines	FB Ayer&Associates	verschr. 76, Tulsa
178	45653	54F	CF-TJM	30.01.1963	Trans Canada Airl.	Air Canada	Absturz, Ottawa, 67
179	45654	54F	CF-TJN	08.02.1963	Trans Canada Airl.		Absturz, Th.de Blainville, 63
180	45655	54F	CF-TJO	27.02.1963	Trans Canada Airl.	Air Canada	stillgelegt 82, Montreal
181	45658	52	EC-ATP	29.03.1963	Iberia	Aviaco,Span.Luftwaffe,Holidair	ADV
182	45669	54F	N8008F	26.04.1963	Trans International	Saturn, Airlift N141RD	Fine Air
183	45661	43	CF-CPJ	03.05.1963	Canadian Pacific Air	ARCA	stillgelegt 81, Miami, FL
184	45660	43	I-DIWG	21.05.1963	Alitalia	FB Ayer&Associates,	stillgelegt 83, Manila
185	45667	54F	N8782R	21.06.1963	Trans Caribbean Airw.	American,Seaboard World	Fine Air
186	45662	53	JA8009	16.07.1963	Japan Air Lines	Minerve F-GDPM	stillgel.89, Opa-Locka, FL
187	45668	54F	N4904C	13.09.1963	Capitol Int.Airways	Seaboard World Airlines	Transp. Aereos Boliv.
188	45657	52	EC-AUM	28.08.1963	Iberia	Aviaco	verschrottet 1987
189	45663	54F	N108RD	20.09.1963	Riddle Airlines	Airlift,Südflug,Alitalia,ANDES	Fine Air
190	45670	53	TU-TCA	19.10.1963	Air Afrique	Saudia	verschrottet 1985
191	45656	53	HB-IDD	29.10.1963	Swissair		zerstört in Jordanien, 70
192	45672	51	N811E	14.11.1963	Delta Air Lines	FB Ayer&Assoc.,LACSA	stillgelegt 88, Marana
193	45673	51	N812E	04.12.1963	Delta Air Lines	FB Ayer&Associates	verschrottet 1977
194	45665	43	I-DIWS	12.12.1963	Alitalia	ARCA HK-1855	verschr.77, Miami, FL
195	45684	54F	N8783R	16.12.1963	Trans Caribbean Airw.	Seaboard World,American	Fine Air
196	45671	53	TU-TCB	10.01.1964	Air Afrique	UTA F-BJCB	verschr. 83, Luxembourg
197	45676	54F	N8042U	30.01.1964	United Airlines	Trans Continental Airlines	Zantop Intern. Airlines
198	45651	53	JA8010	31.01.1964	Japan Air Lines	ARCA.umgb.-54F	Andes Airlines HC-BPV
199	45677	54F	N8043U	14.02.1964	United Airlines	Trans International N43UA	Millon Air
200	45675	54F	N8041U	28.03.1964	United Airlines	Trans Continental Airl. N41UA	Zantop Intern. Airlines
201	45674	54F	N109RD	17.06.1964	Airlift International	JAL,National,Airlift,Arrow Air	verschr. 84, Miami, FL
202	45666	43	I-DIWT	14.04.1964	Alitalia	FB Ayer&Assoc.,ARCA	verschrottet
203	45678	54F	CF-TJP	25.03.1964	Trans Canada Airl.	Air Canada,Kalitta N802CK	Kalitta
204	45685	51	XA-PIK	30.04.1964	Aeronaves de Mexico	Aeromex.,Holidair C-FFRZ -51F	ATC
205	45688	51	N813E	15.05.1964	Delta Air Lines	Intercontinental Airlines	verschr. 84, Stansted
206	45664	53	JA8011	15.06.1964	Japan Air Lines	Minerve F-BYFM	verschr. 88, Nimes
207	45692	55F	N801SW	21.06.1964	Seaboard World Airl.	UTA,L'Armee de L'Air F-RAFB	MK-Airlines
208	45683	55F	PH-DCS	25.07.1964	KLM	Philippine Airlines RP-C843	Liberia World Airways
209	45691	55F	PH-DCT	01.08.1964	KLM	Nigeria Airways,VIASA	verschrottet 1984
210	45686	54F	CF-TJQ	27.08.1964	Air Canada	Zaire Cargo 9Q-CDM	ARCA
211	45687	51	N814E	28.10.1964	Delta Air Lines	FB Ayer&Assoc.Aeromexico	Agro Air Intern.

LN	MSN	Typ	Kennung	Auslieferung	Erstbetreiber	Folgehalter	Aktuell
212	45689	51	N815E	05.11.1964	Delta Air Lines	FB Ayer&Assoc.,LACSA,-51F	Kalitta
213	45680	53	JA8012	20.11.1964	Japan Air Lines		Absturz, Neu Delhi, 72
214	45681	53	JA8013	14.01.1965	Japan Air Lines		zerstört in Bombay, 72
215	45769	54F	N8784R	11.12.1964	Trans Caribbean Airw.		zerstört in Miami
216	45760	51	N8779R	30.12.1964	Eastern Air Lines	Air Jamaica,Charlotte	stillgelegt 84, Laurinbg.
217	45750	52	ZK-NZA	19.07.1965	Air New Zealand	KLM PH-ADA, Evergr. N801EV	verschr. in Marana
218	45678	55F	JA8014	05.03.1965	Japan Air Lines	Inair Panama	Fine Air
219	45690	51	N816E	24.03.1965	Delta Air Lines	FB Ayer&Assoc.,Philippine Airl.	verschr. 86, Marana
220	45682	43	I-DIWL	12.03.1965	Alitalia	FB Ayer&Assoc.,umgb.-54F	verschr. 85,Rom
221	45693	52	N8060U	17.04.1965	United Airlines	Bursa Hava Yolari TC-JBZ	verschrottet 1985
222	45755	43	I-DIWM	15.04.1965	Alitalia	FB Ayer&Assoc.N153FA	stillgelegt. 83, Manila
223	45753	55	SE-DBD	27.04.1965	SAS	Swissair, UA Leas.N721UA	umgb. -55F, Kabo Air
224	45694	52	N8061U	07.05.1965	United Airlines	Bursa Hava Yolari TC-JBY	verschrottet 1984
225	45754	55F	N3325T	18.05.1965	Trans Int. Airl.	Saturn,UTA,LACSA, AECA	Absturz 84, Quito
226	45757	52	N8062U	15.06.1965	United Airlines	World Cargo Serv.,Faucett	verschrottet, 1985 Lima
227	45758	52	N8063U	02.07.1965	United Airlines	Intercontinental Airl. 5N-AVR	verschrottet 88, Stansted
228	45759	52	N8064U	10.07.1965	United Airlines	International Air Lease Inc.	Faucett, OB-1287
229	45803	55F	N8785R	15.07.1965	Trans Caribbean Airw.	ONA, American, UTA ,LACSA	American Int. Airways
230	45756	52	N8065U	29.07.1965	United Airlines	Intercont. Airl. 5N-AVS	verschrottet 84, Stansted
231	45751	52	ZK-NZB	10.08.1965	Air New Zealand		Absturz 66, Auckland
232	45762	55F	PI-C802	25.08.1965	Philippine Airlines	KLM,Surinam Airw.,Arrow Air	Kalitta
233	45752	52	ZK-NZC	17.09.1965	Air New Zealand	How.Golden.Crownair,Faucett	FB Air Inn., N42920
234	45800	54F	N8044U	10.09.1965	United Airlines	Air Train N44UA, TIA	Fine Air
235	45801	54F	N8045U	28.09.1965	United Airlines	United Aviation N45UA	Emery Worldwide, N991CF
236	45816	55F	N804SW	29.09.1965	Flying Tiger Line	SW,VIASA,Capitol,IAS Cargo	Kalitta
237	45761	43	CF-CPK	14.10.1965	Canadian Pacific Air		zerstört in Tokio, 1966
238	45819	55F	F-BNLD	05.11.1965	UTA	Air Afrique TU-TXG	L'Armee de L'Air, F-RAFC
239	45807	51	N817E	28.10.1965	Delta Air Lines	FB Ayer&Assoc.,Int.Aircraft Ent.	Kalitta
240	45768	53	YV-C-VID	04.11.1965	VIASA	Aeru Peru OB-R1083, -54F	LAC Colombia, HK-2632X
241	45763	55	JA8015	10.11.1965	Japan Air Lines	IASCO,umgeb.-55F	Aeronaves del Peru
242	45818	55F	N802SW	13.11.1965	Flying Tiger Lines	SW,TMA, Loftleidir, Garuda	Absturz 74, Colombo
243	45808	51	N818E	23.11.1965	Delta Air Lines	FB Ayer&Assoc.,Air Maledives	stillgelegt 88, Detroit
244	45805	55F	N4905C	30.11.1965	Capitol Int. Airways	Eastern ,SW,Gabon Cargo	Affretair, Z-WSB
245	45806	51	N819E	10.12.1965	Delta Air Lines	FB Ayer&Assoc.,Philippine Airl	verschrottet 86, Marana
246	45820	55F	F-BLKX	31.12.1965	UTA	L'Armee de L'Air F-RAFA	ACS
247	45802	54F	N8046U	12.01.1966	United Airlines	United Aviation Serv.N46UA	African Int. Airw., 3D-AFR
248	45817	55F	N805SW	12.01.1966	Flying Tiger Lines	SW,Universal N805U,Balair	Kalitta
249	45815	51	N820E	21.01.1966	Delta Air Lines	FB Ayer&Assoc.,Braniff	verschrottet 1986
250	45767	55	LN-MOH	08.02.1966	SAS	Swissair,ONA,National, -55F	Kalitta
251	45764	55	JA8016	14.02.1966	Japan Air Lines	UA Leas.,ONA, umgeb.-55F	Kalitta
252	45810	61	N8070U	*14.03.66	Douglas	UA umgeb. zur -71, 09.83	Ladeco, CC-CYQ
253	45859	55F	PH-DCU	26.02.1966	KLM	Philippine Airlines,Orbis,Arax	Absturz 88, Kairo
245	45804	55F	OY-KTC	19.03.1966	SAS	KLM,Inair Panama,Natioair	MK Air Cargo, 9G-MKA
255	45821	55F	N803SW	17.03.1966	Flying Tiger Lines	SW,Universal,Japan Air Lines	Affretair, Z-WMJ
256	45860	54F	CF-TJR	26.03.1966	Air Canada	UA Leas.,Arrow,MK Air Cargo	Absturz 92, Kano Nig.
257	45850	52	N8066U	01.04.1966	United Airlines		Museum Los Angeles
258	45814	52	EC-BAV	21.04.1966	Iberia	Span. Luftwaffe 15-1/401-01 -52F	Kalitta
259	45862	55F	N4906C	22.04.1966	Capitol	SW,UTA F-BOLN,SF-Air,	Transair Cargo
260	45851	52	N8067U	05.05.1966	United Airlines	Aeronaves del Peru	Faucett, OB-1267
261	45861	54F	CF-TJS	07.05.1966	Air Canada	UA Leas.,VIASA, Aeronaves	OB-1300
262	45811	61	N8071U	15.08.1967	United Airlines	umgeb.-71,-71F,Flagship Expr.	ATI
263	45852	52	N8068U	18.05.1966	United Airlines	Aeronaves del Peru,Faucett	stillgelegt 89, Lima
264	45809	53	CF-CPM	31.05.1966	Canadia Pacific Air	umgebaut zur -53F	ARCA, HK-3125X
265	45765	55	N2310B	13.06.1966	ONA	Garuda,KLM,Omega Air	Fine Air
266	45853	52	N8069U	16.06.1966	United Airlines	Faucett OB-1268	stillgelegt 90, Lima
267	45824	55F	N851F	20.03.1966	ONA	Martinair,UTA, Garuda,KLM	ARCA
268	45879	53	YV-C-VIC	01.07.1966	VIASA	Aero Peru, umgb.-54F,TAC	zerstört 84, Barranquilla
269	45856	55F	N852F	07.07.1966	ONA	Martinair,Aviaco EC-DEM	Kalitta
270	45822	62	N1501U	*29.08.66	Douglas	SAS LN-MOO	Absturz 69, Los Angeles
271	45857	55F	TU-TCC	02.08.1966	Air Afrique		stillgelegt 1983
272	45766	55	PH-DCV	19.08.1966	KLM	Garuda, Omega N226VV	stillgelegt 1987
273	45877	51	N821E	25.08.1966	Delta Air Lines	FB Ayer&Assoc., Braniff	verschrottet in Marana
274	45858	55F	N1509U	02.09.1966	Pan American-Grace	Braniff,SW,Canadian Pacific	Liberia
275	45880	54F	N8047U	09.09.1966	United Airlines		Absturz 77, Salt Lake City
276	45881	54F	N8048U	28.09.1966	United Airlines	Electrospace System Inc.	US Navy, EC-24 163050

LN	MSN	Typ	Kennung	Auslieferung	Erstbetreiber	Folgehalter	Aktuell
277	45812	61	N8072U	17.02.1968	United Airlines	umgeb.-71,GPA Group	Lineas Aereas Parag.
278	45854	55	JA8017	27.09.1966	Japan Air Lines	Evergreen,ONA,Hispaniola	stillgelegt in Miami FL
279	45823	62	SE-DBE	03.05.1967	SAS		zerstört 1970, Rom
280	45878	51	XA-SIA	14.10.1966	Aeronaves de Mexico	Aeromexico,FB Air N810GB	Zulina Aviacion
281	45855	51	XA-SIB	21.10.1966	Aeronaves de Mexico	Omega,Holidair C-FFQI	stillgelegt in Burbank
282	45882	55F	JA8018	26.10.1966	Japan Air Lines	Aeronaves del PeruOB-R1200	LAC
283	45886	54F	N8049U	10.11.1966	United Airlines	PK Finans Intern.,United Aviat.	African Int. Airways
284	45813	61	N8073U	26.01.1967	United Airlines	umgebaut zur -71	ATI
285	45848	61	N8778	23.02.1967	Eastern Air Lines	JAL JA8050,World Leasing -61F	Airborne Express
286	45903	63	N1503U	*10.04.67	Douglas	KLM PH-DEA,Capitol, -63F	Emery, N950R
287	45887	61	N8777	27.03.1967	Eastern Air Lines	JAL JA8049,World Leasing -61F	Kalitta
288	45907	61	N822E	09.04.1967	Delta Air Lines	umgb.-71,United Parcel,Delta	United Parcel, umgb. -71F
289	45849	61	N8074U	30.04.1967	United Airlines	umgb.-71,-71F,Flagschip Expr.	Tampa
290	45888	61	N8776	15.05.1967	Eastern Air Lines	Capitol,JAL,UA Leas.N30UA -61F	Fine Air
291	45889	61	N8775	28.05.1967	Eastern Air Lines	Japan Air Lines JA8061	Absturz 82, Haneda
292	45914	61	N823E	11.06.1967	Delta Air Lines	umgb.-71, United Parcel,-71F	United Parcel, N709UP
293	45901	63	PH-DEB	15.07.1967	KLM	ATASCO, Capitol, umgb.-63F	Emery Worldwide
294	45902	61CF	N8961T	16.06.1967	Trans Intern. Airl.	Universal,Nordair, umgb.-71CF	United Parcel, N702UP
295	45915	61	N824E	19.07.1967	Delta Air Lines	umgb.-71,United Parcel, Delta	umgb. -71F, UP N715UP
296	45908	61	N45090	06.08.1967	National Airlines	Capitol,ONA,Saudia N912R	Airborne Expr., N841AX
297	45894	61	N8774	06.08.1967	Eastern Air Lines	Air Jamaica, Capitol N915CL -61F	Airborne Expr., N850AX
298	45905	62	SE-DBF	08.08.1967	SAS	Braniff,umgb.-62F,LACSA	Cargosur, EC-ELM
299	45895	62	N1803	22.08.1967	Braniff Airways	Pan American,Hawaiian, -62F	Arrow Air
300	45906	62	OY-KTD	28.08.1967	SAS	Scanair SE-DDU, UA Leasing	Airborne Expr., N805AX
301	45890	61	CF-TJT	13.09.1967	Air Canada	AVEX, UA Serv. N20UA	Connie Kalitta, N812CK
302	45916	55	JA8019	18.09.1967	Japan Air Lines	Evergreen,ONA N915R,	stillgelegt 86, Brüssel
303	45896	62	N1803	20.09.1967	Braniff Airways	Int.Air Lease,Arrow,umgb.-62F	Arrow Air
304	45899	62	N1805	29.09.1967	Braniff Airways	Air Florida, Pegasus Airl.	Rich Intern. Airways
305	45891	61	CF-TJU	04.10.1967	Air Canada	AVEX, UA Serv. N21UA	umgb. -61F, ATI
306	45892	61	CF-TJV	14.10.1967	Air Canada	AVEX, UA Serc. N22UA, -61F	Kalitta
307	45909	62H	N1505U	*12.10.67	Douglas	Alitalia I-DIWN, Braniff N802BN	umgb. -62F, Arrow Air
308	45883	55F	N806SW	20.10.1967	Seaboard World	JAL, Inex Adria, Cargolux	Kalitta
309	45904	62CF	N1807	13.11.1967	Braniff Airways	Hawaiian,IAC Leasing	Hawaiian Airlines
310	45893	61	CF-TJW	04.11.1967	Air Canada	AVEX, UA Serv. N23UA	Kalitta, N813CK
311	45910	62H	I-DIWV	16.11.1967	Alitalia	DETA, Sea&Sun Aviat. N39307	MGM Grand Air, N803MG
312	45919	62	HB-IDE	23.11.1967	Swissair		zerstört in Athen 79
313	45897	61CF	N8786R	06.12.1967	Trans Caribbean Air	TIA, American, Spantax, -71CF	UPS, N797UP
314	45940	61	N8075U	08.12.1967	United Airlines	Elk Grove Air, Arrow Air -61F	Airborne Expr., N851AX
315	45912	61	N8771	09.12.1967	Eastern Air Lines	Air Jamaica, Aeroflot Armen.	Buffalo Airways
316	45900	61CF	N8962T	30.11.1967	Trans Intern. Airlines	Universal N803U, SW,Cargolux	-71CF, UPS, N700UP
317	45941	61	N8076U	23.12.1967	United Airlines	umgb.-71, GPA Grp,umgb.-71F	VASP, PP-SOQ
318	45911	62	N1806	19.12.1967	Braniff Airways	Aeromexico XA-AMS,umgb.-62F	ICX
319	45920	62	HB-IDF	02.01.1968	Swissair	TRATCO,Capitol N923CL	Nationair, C-GMXY
320	45898	61CF	N8787R	28.12.1967	Trans Caribbean Air	TIA, American, Spantax, -71CF	UPS, N798UP
321	45948	61CF	N8955U	28.12.1967	Saturn	SW, Trans Int. Airl.,umgb.-71CF	UPS, N748UP
322	45921	62	SE-DBG	11.01.1968	SAS	Scanair,UA Lease,umgb.-62AF	Cargosur, EC-EMX
323	45926	63	CF-CPO	17.01.1968	CP Air	Worldways,Aerolease umgb.-63F	ATI
324	45937	53	PI-C803	27.01.1968	Philippine Airlines	KLM, Philippines Airl. RP-C803	zerstört in Haneda 77
325	45913	61	N8770	19.01.1968	Eastern Air Lines	ONA, Spantax EC-CZE	stillgelegt in Miami, FL
326	45944	61	N825E	24.01.1968	Delta Air Lines	umgb.,-71, UPS,Delta,umgb.-71F	UPS, N744UP
327	45927	63	CF-CCP	31.01.1968	CP Air	UTA,Icelandic,umgb.-63F	ATI
328	45932	52	ZK-NZD	27.01.1968	Air New Zealand	umgb.-54F,Connie Kalitta	Kalitta
329	45949	61CF	N8956U	30.01.1968	Saturn	SW, ONA,Flying Tiger N863FT	umgb. -71CF, UPS, N705UP
330	45935	51	XA-SID	07.02.1968	Aeronaves de Mexico	Aeromexico, Holidair Airways	stillgelegt in Waco, TX
331	45938	61CF	N8960T	02.02.1968	Trans Intern.Airlines	Universal N804U,SW,umgb.-71CF	UPS, N701UP
332	45917	62	F-BNLE	23.02.1968	UTA	Air Supply N4761G,Capitol -62F	Airborne Expr., N803AX
333	45925	62	HB-IDG	24.02.1968	Swissair	TRATCO,Capitol N922CL	Buffalo Airways
334	45928	63	CF-CPQ	24.02.1968	CP Air	Flying Tiger N625FT,Aerol. -63AF	Airborne Expr., N817AX
335	45922	62CF	OY-KTE	29.03.1968	SAS	Scanair,Royal Thai Air Force	Air Marhall Islands
336	45985	52	ZK-NZE	27.02.1968	Air New Zealand	Howard Golden, FB Air N223FB	LAC
337	45945	61	N8077U	05.03.1968	United Airlines	umgebaut zur -71	Cargosur
338	45952	61CF	N8788R	29.02.1968	Trans Caribbean Air	TIA,Saturn,SW,Flying Tigers	-71CF, UPS, N752UP
339	45946	61	N8078U	14.03.1968	United Airlines	umgebaut zur -71	ATI
340	45884	54F	N8050U	12.03.1968	United Airlines	UA Serv. N50UA, Spantax	Emery Worldwide
341	45947	61	N8079U	21.03.1968	United Airlines	umgebaut zur -71,GPA Group	Lineas Aereas Paraguayas

LN	MSN	Typ	Kennung	Auslieferung	Erstbetreiber	Folgehalter	Aktuell
342	45885	54F	N8051U	19.03.1968	United Airlines	PK Finans Int., Air Cargo Spain	EC-DYA, stillgel. Madrid
343	45970	61	N8080U	29.03.1968	United Airlines	umgebaut zur -71	Fast Air
344	45936	63CF	N8631	21.06.1968	Seaboard World	Loftleidir, Icelandair,Orion,-73CF	UPS, N836UP
345	45982	61	N8769	29.03.1968	Eastern Air Lines	JAL JA8057, Capitol,Nationair	Absturz 91, Jeddah
346	45965	55F	EC-BMV	31.03.1968	Iberia	Aviaco, LACSA, EAS 5N-ATZ	MK Airlines
347	45960	62CFH	I-DIWC	10.04.1968	Alitalia	Minerve F-GDJM	Southern Aviation
348	45953	62	JA8031	19.04.1968	Japan Air Lines	Airborne Express N807AX	stillgelegt in Opa Locka, FL
349	45942	61	N8773	12.04.1968	Eastern Air Lines	JAL JA8058, UA N27UA -61F	Fine Air
350	45983	61	N8768	19.04.1968	Eastern Air Lines	JAL JA8057, UA N8177U, -71,GPA	stillgelegt in Mojave, CA
351	45939	61CF	N801U	18.04.1968	Universal Airlines	Capitol, Flying Tiger,umgb.-71CF	UPS, N703UP
352	45981	61	N45191	23.04.1968	National Airlines	Capitol,World Airways,Point Air	Nationair, C-GMXL
353	45918	62	F-BOLF	27.04.1968	UTA	Air Traffic Serv. N728PL -62F	ICX
354	45950	61CF	N802U	26.04.1968	Universal Airlines	Capitol,ONA, Loftleidir,FT,-71CF	UPS, N750UP
355	45963	61	CF-TJX	29.04.1968	Air Canada	Air Jamaica 6Y-JGC, umgb.-61F	Kalitta
356	45971	61	N8081U	12.05.1968	United Airlines	umgb.-71, GPA Group umgb.-71F	ATI
357	45972	61	N8082U	22.05.1968	United Airlines		Absturz 78, Portland Oregon
358	45973	61	N8083U	20.05.1968	United Airlines	umgb.-71,GPA Group,umgb.-71F	Translift Airways, EI-TLA
359	45943	61	N8772	19.05.1968	Eastern Air Lines	JAL JA8059, Global, Sudan Airways	Nationair
360	45992	61	N8767	21.05.1968	Eastern Air Lines	JAL JA8067,Aeronaves del Peru	-61AF, Aeronaves del Peru
361	45961	62CFH	I-DIWQ	30.06.1968	Alitalia	Sea&Sun Aviat. N3931A	ADV
362	45954	62	JA8032	27.05.1968	Japan Air Lines	Air ABC TF-BBA, Okada Air -62AF	Airborne Expr., N808AX
363	45979	61	N826E	30.05.1968	Delta Air Lines	umgb.-71, UPS, umgb.-73AF	UPS, N779UP
364	45964	61	CF-TJY	30.05.1968	Air Canada	United Aviat.Serv.,Eagle Air, -61F	Air Transport Intern.
365	45955	62	JA8033	10.06.1968	Japan Air Lines	Inter. Air Lease,Aeromexico -62F	Intern. Cargo Express, N163CA
366	45987	62	F-BOLG	14.06.1968	UTA	Finnair OH-LFZ, Kar-Air -62AF	Airborne Express, N804AX
367	45929	63	CF-CPS	16.06.1968	CP Air	Flying Tiger N624FT,Aerol. -63AF	ATI
368	45974	61	N8084U	21.06.1968	United Airlines	umgb.-71,GPA Group umgb.-71F	VASP, PP-SOO
369	45975	61	N8085U	25.06.1968	United Airlines	umgb.-71,GPA Group umgb.-71F	Affretair, Z-WZL
370	45984	62CF	HB-IDH	11.07.1968	Swissair	Balair	Peruvian Air Force, OB-1373
371	45989	63CF	N779FT	28.06.1968	Flying Tiger	Cargolux LX-ACV,Aer Turas,	Air Turas, EI-BNA
372	45976	61	N8086U	10.07.1968	United Airlines	umgb.-71,GPA Group umgb.-71F	Fast Air
373	45977	61	N8087U	16.07.1968	United Airlines	umgb.-71,GPA Group umgb.-71F	Southern Air Transp., N871SJ
374	45980	61	CF-TJZ	13.07.1968	Air Canada	United Aviat.Serv.,Eagle Air	Buffalo Airways
375	45990	63CF	N780FT	17.07.1968	Flying Tiger	Cargolux TF-CCV,umgb.-73CF	Evergreen Int., N816EV
376	45956	62	JA8034	19.07.1968	Japan Air Lines	Conner Airl.,UA Leas. N752UA	-62AF, Emery Worldwide
377	45999	63	PH-DEC	21.07.1968	KLM	Icelandair,Electra Aviat.,umgb.-63F	ATI
378	45930	63	EC-BMX	06.08.1968	Iberia		zerst.78, Santiago de Comp.
379	45986	62H	I-DIWJ	26.07.1968	Alitalia	Sun Aviation,Pacific East Air	MGM Grand Air, N801MG
380	45991	63CF	N781FT	26.07.1968	Flying Tiger	umgb.-73CF, German Cargo Serv.	Lufthansa Cargo Airl. ,D-ADUI
381	45978	61	N8088U	31.07.1968	United Airlines	umgb.-71F,GPA Group	ATI
382	45993	61	N8089U	06.08.1968	United Airlines	umgb.-71F,GPA Group	ATI
383	45923	63	LN-MOU	16.08.1968	SAS	Thai Airways Int.,Trans Ocean	-63F, Absturz 92, Toledo, IL
384	45933	53	CF-TIH	13.08.1968	Air Canada		verschr. 82, Montreal
385	45967	63CF	N4907C	20.08.1968	Capitol	ONA, Icelandair, Evergreen Air	-73CF, UPS, N867UP
386	46000	63	PH-DED	25.08.1968	KLM	Emery Worldwide umgb.-63F	Emery Worldw., N964R
387	45994	61	N8090U	27.08.1968	United Airlines	umgb.-71,GPA Group	Time Air Sweden, SE-DLH
388	45995	61	N8091U	04.09.1968	United Airlines	umgb.-71,GPA Group	Translift Airways, EI-TLC
389	45968	63CF	N4908C	29.08.1968	Capitol	Flying Tiger,Transamerica,-73CF	UPS, N868UP
390	45934	53	CF-TII	30.08.1968	Air Canada		verschr. 82, Montreal
391	45931	63	EC-BMY	18.09.1968	Iberia	Aviaco,Int. Air Lease N4935C	Rich Int. Airways
392	45924	63	SE-DBH	18.09.1968	SAS	Thai Airways Int.,Air Agerie, -63F	Aer Turas, EI-CGO
393	45966	63CF	N8632	16.09.1968	Seaboard World	Saudia, FT N773FT,-73CF	UPS, N866UP
394	46002	63CF	N782FT	17.09.1968	Flying Tiger	Cargolux LX-BCV,Evergreen Int.	umgb. -73CF, Evergreen
395	46001	63CF	N863F	23.09.1968	ONA	Air Siam,Flying Tiger, umgb.-73CF	UPS, N810UP
396	45969	63CF	N6161A	25.09.1968	Airlift International		Arrow Air, N661AV
397	45996	61	N8092U	01.10.1968	United Airlines	umgb. -71F,GPA Group	LAN Chile
398	45997	61	N8093U	08.10.1968	United Airlines	Douglas, umgb.-71,GPA Group	LAN Chile
399	45998	61	N8094U	22.10.1968	United Airlines	umgb.- 71F	ATI
400	46014	61	N1300L	18.10.1968	Delta Air Lines	umgb.-71, Connecticut National	umgb. -71F, UPS, N713UP
401	46003	63AF	N783FT	22.10.1968	Flying Tiger	Air India,umgb.-73AF,GCS	Lufthansa Cargo Airl., D-ADUA
402	45962	53	CF-TIJ	16.10.1968	Air Canada		zerstört 1973 in Toronto, Kan.
403	46004	63AF	N784FT	25.10.1968	Flying Tiger	umgebaut -73AF	UPS, N804UP
404	46009	54F	N8052U	31.10.1968	United Airlines	Aviation Leas.Group,Trans Cont.	Kalitta
405	46015	61	N8766	01.11.1968	Eastern Air Lines	JAL, Capitol,ONA, Airlift Int.N766RD	Airborne Express, N842AX
406	46010	54F	N8053U	31.10.1968	United Airlines		Absturz 1983 in Detroit

LN	MSN	Typ	Kennung	Auslieferung	Erstbetreiber	Folgehalter	Aktuell
407	46023	62	JA8035	11.11.1968	Japan Air Lines	World Aircr.Sales, umgb.-62AF	Cargosur, EC-EMD
408	46011	54F	N8054U	11.11.1968	United Airlines	PK Finans Int., Air Cargo Spain	Air Cargo Spain, EC-DYB
409	46016	61	N8765	15.11.1968	Eastern Air Lines	JAL, Capitol,ONA,Spantax EC-DVC	Birginair, TC-MAB
410	46012	54F	N8055U	23.11.1968	United Airlines	Trans Sahel Airl. EL-AJK,	African Int. Airways, 3D-ADV
411	46019	63	PH-DEE	27.11.1968	KLM	Eagle Air TF-VLY,Saudia,-73,-73F	UPS, N819UP
412	46005	63AF	N785FT	25.11.1968	Flying Tiger		zerstört 1970, in OkinawaJap.
413	46006	63AF	N786FT	03.12.1968	Flying Tiger	umgebaut -73AF	UPS, N806UP
414	45951	63CF	N4863T	22.11.1968	Trans Inter. Airl.		Absturz 1970, in New York, JFK
415	46020	63CF	N8633	27.11.1968	Seaboard World Airl.	Cagolux TF-FLA, Loftleidir	zerstört 1978, in Colombo, Ceyl.
416	45988	63CF	EC-BMZ	16.12.1968	Iberia	International Air Leases N941JW	Arrow Air, N441J
417	46022	62AF	JA8036	13.12.1968	Japan Air Lines	Con Av Corp. N771CA, UA Serv.	Evergreen, N817EV
418	46017	61	N8764	17.12.1968	Eastern Air Lines	JAL, Capitol, Airlift N64RD -61F	Airborne Express, N843AX
419	46037	61	N8763	19.12.1968	Eastern Air Lines	JAL,Capitol, ONA,Spantax EC-DVB	LAP, ZP-CCR, Airborne Ex., N853AX
420	46018	61	N1301L	19.12.1968	Delta Air Lines	umgebaut -71	-71F, UPS, N718UP
421	46042	63	YV-C-VIA	22.12.1968	VIASA	Caribbean Air.,Int.Air Lease,-63F	Arrow Air, N345JW
422	46007	63AF	N787FT	03.01.1969	Flying Tiger	umgebaut -73AF	UPS, N807UP
423	46008	63AF	N788FT	06.01.1969	Flying Tiger	umgebaut -73AF	UPS, N808UP
424	46021	63CF	N8634	09.01.1989	Seaboard World Airl.		zerstört 1969, in Stockton, CA
425	46029	61	N1302L	20.01.1969	Delta Air Lines	umgebaut -71,UPS, Delta, -71F	UPS, N729UP
426	46030	61	N1303L	23.01.1969	Delta Air Lines	umgebaut -71,UPS, Delta, -71F	UPS, N730UP
427	46013	62CF	OH-LFR	27.01.1969	Finnair	umgebaut -72CF	L'Armee de L'Air, F-RAFG
428	46024	62	JA8037	27.01.1969	Japan Air Lines	United Air Lease N735UA,-62AF	Emery Worldwide Airlines
429	46038	61	N8762	03.02.1969	Eastern Air Lines	JAL, Eastern, Capitol, Crownair	Haiti T.Air, OB-1452, Flight Dir., N811GB
430	46050	63CF	N8635	30.01.1969	Seaboard World Airl.	Korean Air Lines, ONA,N8635	zerstört 04.03.77, in Niamey, Niger
431	46033	63	CF-TIK	16.02.1969	Air Canada	umgebaut - 63AF	umgebaut -73AF, DHL, N801DH
432	46044	63AF	N790FT	28.02.1969	Flying Tiger	Air India, Cammacorp -73AF,GCS	LCA, D-ADUE, Aerol., N606AL, Emery
433	46058	63PF	N8759	24.02.1969	Eastern Air Lines	UTA,Air Afrique,Capitol, Arrow Air	Absturz 12.12.85, Gander, NF
434	46034	63	CF-TIL	16.02.1969	Air Canada	ATASCO N868BX, umgb.-63AF	Burlington Air Express, ATI, N868BX
435	46031	61	JA8038	23.01.1969	Japan Air Lines	United Aviat. Serv. N28UA -61AF	Airborne Express, N847AX
436	46032	61	JA8039	25.02.1969	Japan Air Lines	Canafrica Transp. EC-DZA -61AF	Airborne Express, N848AX
437	46027	62H	I-DIWY	25.02.1969	Alitalia	Aero Peru OB-R1248,ATI, N51CX	MK Airlines, TF-MGK
438	46035	63	CF-TIM	27.02.1969	Air Canada	ATASCO N869BX, umgb.-63AF	Burlington Air Express, ATI, N869BX
439	46041	63	OY-KTF	28.02.1969	SAS	Icelandair,AeroLease Int. N792AL	-63F, Airb. Expr., N814AX
440	46051	63CF	N8636	28.02.1969	Seaboard World Airl.	Korean Air Lines,ONA, Evergreen	-73CF, UPS, N851UP
441	46045	63CF	N791FT	17.03.1969	Flying Tiger	American Flyers Airl.,EL AL, -73AF	Emery Worldwide
442	46052	63CF	N8637	11.03.1969	Seaboard World Airl.	Korean Air Lines, Douglas, -73CF	UPS, N852UP
443	46043	62CF	OH-LFS	22.03.1969	Finnair	umgebaut -72CF	L'Armee de L'Air, F-RAFD
444	46046	63CF	N792FT	21.03.1969	Flying Tiger	American Flyers Airl. umgb.-73AF	Emery Worldwide
445	46036	63	CF-TIN	27.03.1969	Air Canada	ATASCO N870BX, umgb.-63AF	Burlington Air Express, ATI, N870BX
446	46053	63CF	N8638	28.03.1969	Seaboard World Airl.	Korean Air Lines,umgeb.-73CF	Governem. of Gabon, TR-LTZ
447	46047	63CF	N793FT	31.03.1969	Flying Tiger	ONA, TIA, umgb.-73CF GCS,LCA	D-ADUO, Aerolease, N604AL, Emery
448	46039	61	N8095U	15.05.1969	United Airlines	umgebaut -71, GPA Group, -71F,SAT	Emery Worldwide, N801GP
449	46040	61	N8096U	14.05.1969	United Airlines	umgebaut -71,GPA Group, -71F	Lan Chile, N872SJ
450	46048	61	N1304L	24.04.1969	Delta Air Lines	umgebaut -71,UPS,umgb.-71F	UPS, N708UP
451	46076	63	CF-TIO	19.04.1969	Air Canada	umgebaut -63AF	umgebaut -73AF, DHL, N802DH
452	46026	62	I-DIWZ	30.04.1969	Alitalia		zerstört 15.09.70, New York
453	46054	63	LN-MOY	26.04.1969	SAS	Thai Airw.,Boeing,Sterling,-63,	Emery Worldwide, N796AL
454	46087	63CF	N864F	28.04.1969	ONA	Air Afrique,SW,FT,Airlift,ATASCO	Emery Worldwide, ATI, N906R
455	46067	62H	N8966U	22.06.1969	United Airlines	NSAR Assoc.Inc.,umgb.-72	Jet Aviation, VP-BJR
456	46059	63CF	N4864T	25.04.1969	Trans Int. Airlines	Air Afrique,Evergreen,-73CF,FT	UPS, N813UP
457	46063	63	YV-C-VIB	09.05.1969	VIASA	Int.Air Lease, umgb.-73,Minerve	AOM-Minerve,Emery, N832AL
458	46082	62H	I-DIWK	14.05.1969	Alitalia	Braniff N801BN,Cammacorp -72	NASA, N717NA, N817NA
459	46064	61	N8097U	23.05.1969	United Airlines	umgebaut -71,GPA Group, -71F	ATI, N823BX
460	46065	61	N8098U	04.06.1969	United Airlines	umgebaut -71,GPA Group	ATI, N820BX
461	46028	62	F-BOLH	24.05.1969	UTA	Loch Ness Comp.TF-BBD, -62AF	Emery Worldwide, N993CF
462	46066	61	N8099U	04.06.1969	United Airlines	umgb.-71, GPA Group,umgb.-71F	Tampa Airl., HK-3785X
463	46068	62H	N8967U	15.06.1969	United Airlines	PK Finans, Zantop Int. Airl. -62F	Emery Worldwide, N990CF
464	46088	63CF	N865F	29.05.1969	ONA	AUA,OE-IBO,Cargolux,SW,FT,Emery,	Daimler Chrysler, N865F, stillg., 05.01.00
465	46069	62H	N8968U	08.07.1969	United Airlines	Arrow Air,Int. Air Leas.,LOT,-62F	Arrow Air
466	46080	63	PH-DEF	20.06.1969	KLM	Eagle Air TF-VLZ,umgb.-73,-73F	UPS, N880UP
467	46070	62H	N8969U	16.07.1969	United Airlines	Arrow Air, Int. Air Leas.,CIS Corp.	Hawaiian Airlines, Arrow Air
468	46074	63PF	N8760	21.06.1969	Eastern Air Lines	ONA, Balair HB-IDZ, Swissair	umgb.-73PF, UPS, N874UP
469	46071	62H	N8970U	28.07.1969	United Airlines	Arrow Air, Hawaiian Airl.,Santa Fe	Regierung Bermuda, VR-BLG
470	46077	62	HB-IDI	05.07.1969	Swissair	Crown Arcot, United Air -62AF	Airborne Express, N801AX
471	46081	62H	N8971U	11.08.1969	United Airlines	ONA, Cammacorp umgb.-72	ARAMCO, N728A

LN	MSN	Typ	Kennung	Auslieferung	Erstbetreiber	Folgehalter	Aktuell
472	46060	63CF	N4909C	02.07.1969	Capitol Int. Airways		zer. Startabruch, Anchorage 27.11.70
473	46084	62H	N8972U	19.08.1969	United Airlines	Air Jamaica, Cammacorp umgb-72	Saudi Arab., HZ-MS11, Tristar, N83MP
474	46057	62	JA8040	18.07.1969	Japan Air Lines		Absturz 28.11.72, in Moskau
475	46078	62CF	HB-IDK	06.08.1969	Swissair		Peruan. Luftwaffe, OB-1372
476	46079	63	EC-BQS	02.08.1969	Iberia	Intern. Air Leases N4934Z	Hawaiian Airlines, Airb.Expr., N822AX
477	46072	61H	N1305L	08.08.1969	Delta Air Lines	umgb.-71,UPS, umgb.-71F	UPS, N772UP
478	46086	63CF	N794FT	04.08.1969	Flying Tiger	World Airways,TIA, umgb.-73CF	Emery Worldwide, N870TV
479	46049	63CF	N8639	08.08.1969	Seaboard World Airl.	Loftleidir,Nigeria Airw.,Cargolux;CL,	Burlington Express, N867BX,ATI
480	46061	63CF	N6162A	20.08.1969	Airlift International	Capitol, Arrow, ATASCO, National	Emery Worldwide, N826AX
481	46085	62H	N8973U	04.09.1969	United Airlines	Rich Intern.,Arrow, Int. Air Leas.	Hawaiian Airl., Kitty Hawk, N803CK
482	46094	63CF	N4910C	15.08.1969	Capitol Int. Airways	SW,Nigeria Airw.,Evergr., -73CF	UPS, N849UP
483	46103	63CF	N795FT	29.08.1969	Flying Tiger	Bendix Corp.,umgb.-77CF	Emery Worldwide
484	46075	63	PH-DEH	29.08.1969	KLM	Icelandair TF-FLT,SAS,Electra,	Airborne Express -63F, N818AX
485	46073	63CF	N4865T	22.08.1969	Trans Int. Airlines	Aeronaves de Mexico,FT,FE,-73CF	UPS, N803UP
486	46062	63CF	N6163A	15.09.1969	Airlift International	MDD Financial,Icelandair,Capitol	-73CF, Emery Worldwide, N2674U
487	46110	62H	N8974U	23.09.1969	United Airlines	Arrow, ATI, Argrosy Int.,Rich Int.	ATI
488	46104	63CF	N796FT	03.10.1969	Flying Tiger	Air India, umgebaut -73CF	Emery Worldwide
489	46101	63CF	N8630	25.09.1969	Seaboard World Airl.	Int.Air Bahama, Flugleidir, ONA	-73CF, UPS, N801UP
490	46106	63CF	N8641	02.10.1969	Saeboard World Airl.	ONA, Capitol -73CF,Arrow N919JW	CONDOR, GCS, LCA, D-ADUC, Emery
491	46111	62H	N8975U	14.10.1969	United Airlines	Andalair Corp. VR-BHM,Brisair	Brisair
492	46055	61	N1306L	05.11.1969	Delta Air Lines	umgeb. -71,UPS,Delta, -71F	UPS, N755UP
493	46109	63CF	N8642	23.10.1969	Seaboard World Airl.	Loftleidir, ONA, FT N772FT, -73CF	UPS, N809UP
494	46105	62	N1808E	23.10.1969	Braniff Airways	MDD Finance,Int.Air Leases, -62F	Arrow Air
495	46056	61	N1307L	06.11.1969	Delta Air Lines	umgeb. -71,UPS,Delta, -71F	UPS, N706UP
496	46093	63PF	N8758	06.11.1969	Eastern Air Lines	SAS,Icelandair,Air Algerie,-63F	Airborne Express, N816AX
497	46095	63PF	N8757	15.11.1969	Eastern Air Lines	CP Air, Cammacorp -73PF	Emery Worldwide, N105WP
498	46107	62	N1809E	17.11.1969	Braniff Airways	MDD Finance,Int.Air Leases,	Surinam Airw., zerst. 07.06.89
499	46096	63PF	N8756	21.11.1969	Eastern Air Lines	UTA F-BOLL, Air Afrique TU-TXT	UTA zerstört, 10.03.84, Ndjamena
500	46121	63	PH-DEK	25.11.1969	KLM	Icelandair, umgeb.-63F	Aer Turas, EI-CAK, ATI, N786AL
501	46089	63CF	N4866T	29.12.1969	Trans Int. Airlines	Aeronaves de Mexico,-73CF,FT	UPS, N811UP
502	46100	63	CF-TIP	11.12.1969	Air Canada	umgb.-63AF, -73AF	UPS, N802UP
503	46097	63PF	N8755	14.12.1969	Eastern Air Lines	SAS OY-KTH,LN-MOF,umgb.-63F	Airborne Express, N815AX
504	46090	63CF	N4867T	29.12.1969	Trans Int. Airlines	UTA, Air Afrique,umgb.-73CF, FT	UPS, N814UP
505	46092	63	PH-DEG	23.12.1969	KLM	Capitol N926CL,umgb.-63AF	Emery Worldwide, N951R
506	46122	63	PH-DEL	31.12.1969	KLM	Philippine Airlines -63AF	Airborne Express, N823AX
507	46099	61	JA8041	15.01.1970	Japan Air Lines	ONA National,Saudia, -71,Pointair	Zambia Airw., 9J-AFL, Emery, N811AL
508	46123	63	CF-TIQ	04.02.1970	Air Canada	umgebaut. -63AF, umgb. -73AF	DHL, N803DH
509	46136	63	SE-DBK	13.01.1970	SAS	Scanair,Trans Ocean Airways-63AF	Airborne Express, N813AX
510	46127	61	JA8042	02.02.1970	Japan Air Lines	UA Serv.N25UA, TIA	American Int. Airways, zerst. 18.08.93
511	46124	63	CF-TIR	05.02.1970	Air Canada	umgebaut zu -63AF, umgb.-73AF	DHL, N804DH
512	46102	62	LN-MOG	30.01.1970	SAS	Swissair, Aero Peru OB-R1260	stillgelegt 07.03.94, Lima, Peru
513	46134	62	HB-IDL	06.02.1970	Swissair	Capitol N924CL, National, Eagle	Airborne Express, N802AX
514	46128	61	JA8043	24.02.1970	Japan Air Lines	ONA,Saudia	zerstört 15.01.81, in Luxemburg
515	46125	63	CF-TIS	27.02.1970	Air Canada	umgebaut zu -63AF, umgb.-73AF	DHL, N805DH
516	46098	62H	I-DIWW	10.02.1970	Alitalia	Guy American Airw.,CIS Corp	MGM Grand Air, N802MG, Kitty Hawk
517	46131	62	LN-MOW	25.02.1970	SAS	Air Taffic Serv.,N772CA,Rich Int.	Nortek Repair Center
518	46116	63	EC-BSD	23.12.1969	Iberia	Aviaco, Arrow Air, Quebecair-63AF	Airborne Express, N821AX
519	46091	63CF	N4868T	15.04.1970	Trans Int. Airlines	Transamerica, Air Afrique, -73CF	Southern Air, N873SJ, DHL, Emery
520	46112	63CF	N866F	07.04.1970	ONA	SW, Cargolux, Loftleidir, FT, -73CF	UPS, N812UP
521	46113	63	CF-TIU	12.03.1970	Air Canada	umgb.-63CF, Evergreen N818EV	Airborne Express, N811AX
522	46108	63CF	N123AF	24.04.1970	American Flyers Airl.	Universal, FT N798FT, -73CF	UPS, N818UP
523	46129	62CF	SE-DBI	06.04.1970	SAS	Scanair, Royal Thai Air Force	ICX, N798AL, ATI
524	46126	63	CF-TIV	01.04.1970	Air Canada	Evergreen N819EV -63AF	Airborne Express, N812AX
525	46117	63CF	N4869T	25.05.1970	Transamerica	Flying Tiger,N701FT,-73CF,Fed.Expr.	UPS, N805UP
526	46114	63	CF-TIW	30.04.1970	Air Canada		Absturz 05.07.70, Toronto
527	46137	63CF	D-ADIX	29.04.1970	Atlantis	Greyhound,World Airw.,Cargolux	Emery Worldwide, N957R
528	46140	63CF	N124AF	19.05.1970	American Flyers Airl.	Universal, FT N797FT,-73CF	UPS, N840UP
529	46155	63	EC-BSE	23.12.1970	Iberia	Aviaco, Arrow Air,Quebecair -63AF	Airborne Express, N820AX
530	46115	63	CF-TIX	23.05.1970	Air Canada	LAP ZP-CCH	Airborne Express, N825AX
531	46135	63CF	TU-TCF	28.05.1970	Air Afrique	Aerolease N784AL, Arrow Air,	ATI
532	46144	63CF	N6164A	26.06.1970	Airlift Int.		zerstört 26.03.74, Travis, AFB
533	46141	63	PH-DEM	22.06.1970	KLM	Surinam Airways -63AF	Airborne Express, N824AX
534	46133	63CF	N801WA	19.07.1970	World Airways	Icelandic, VIASA, Emery,- 73CF	Emery Worldwide, N961R
535	46132	62H	I-DIWH	24.07.1970	Alitalia	Aero Peru OB-R1249, umgb.-62F	Arrow Air, N42086, stillge. 05.01.00
536	46146	63CF	N802WA	12.03.1971	World Airways		Absturz 08.09.73, Alaska

LN	MSN	Typ	Kennung	Auslieferung	Erstbetreiber	Folgehalter	Aktuell
537	46139	62AF	JA8044	14.09.1970	Japan Air Lines	UA Leas. N751UA, Zantop N813ZA	Emery Worldwide, N998CF
538	46149	63CF	N803WA	29.03.1971	World Airways	Air Algerie, umgb.-73CF	Emery Worldwide, N831AL
539	46150	62AF	LN-MOC	22.10.1970	SAS	Thai Airways HS-TGS, Royal Thai	Arrow Air, N791AL
540	46151	63CF	9Q-CLG	09.11.1970	Air Congo	Air Zaire, African Air Charter	Kitty Hawk Inter., N815CK
541	46157	61	JA8045	04.12.1970	Japan Air Lines	World Leasing Corp., -61F	Airborne Express, N846AX
542	46130	62CF	N8731U		Douglas	29.12.1979 Finnair OH-LFY, -72CF	L'Armee de L'Air, F-RAFF
543	46158	61	JA8046	20.01.1971	Japan Air Lines	World Aircraft Sales, -61F	Airborne Express
544	46159	61	JA8047	18.02.1971	Japan Air Lines	Orient Leas.,UA Serv. N29UA, -61F	Fine Air
545	46160	61	JA8048	12.03.1971	Japan Air Lines		zerstört 17.09.82, in Shanghai
546	46142	62H	I-DIWX	12.03.1971	Alitalia	Aero Peru OB-R1210, ATI,N61CX	ATI
547	46143	63CF	D-ADIY	15.04.1971	Atlantis	World Airw.N805WA,Capitol,GATX	Emery Worldwide, N959R
548	46145	63CF	D-ADIZ	26.05.1971	Atlantis	Greyhound, WA, ONA, Cargolux	Emery, N921R, Daimler Chrysler
549	46147	63CF	9Q-CLH	19.07.1971	Air Congo	Air Zaire,Connie Kalitta,N811CK	Kitty Hawk Intern.
550	46152	62H	JA8051	23.08.1971	Japan Air Lines		Absturz 27.09.77, Kuala Lumpur
551	46153	62H	JA8052	05.10.1971	Japan Air Lines	Japan Asia Airw.,UA Leas.,- 62AF	MK Airlines, 9G-MKH
552	46161	62H	JA8053	18.11.1971	Japan Air Lines	World Aircr.,UA Leasing N730PL	-62HAF, ATI, zerst. 12.03.91, JFK
553	46148	62AF	JA8054	10.01.1972	Japan Air Lines		Absturz 13.01.77, in Anchorage
554	46154	62AF	JA8055	17.02.1972	Japan Air Lines	Zantopp N811ZA, CF Airfreight	Emery Worldwide, N997CF
555	46162	62AF	JA8056	21.03.1972	Japan Air Lines	Loch Ness Co.TF-BBB	Emery Worldwide, N996CF
556	46163	63	SE-DBL	12.05.1972	SAS	Scanair, Aerolease N797AL, -63F	Emery Worldwide

Alle im Einsatz befindlichen DC8-Flugzeuge, Stand: Mai 2000

Betreiber	Modell	im Einsatz	Betreiber	Modell	im Einsatz
Aer Turas Teoranta	DC8-63CF	1	Fast Air Carrier	DC8-71F	1
	DC8-63F	1	Fine Airlines	DC8-51	1
Aero-Transcolombia	DC8-51	1		DC8-54FM	1
Aerolinhas Brasileiras	DC8-71F	1		DC8-54JT	6
Aeronaves Del Peru	DC8-54F	1		DC8-55JT	1
	DC8-61F	1		DC8-61	2
African International Airw.	DC8-54JT	2		DC8-63	1
Air Cargo Chartering	DC8-62CF	1	Flight Director Inc.	DC8-61	1
Air Transport Int.	DC8-61F	1	Französische Luftwaffe	DC8-53	1
	DC8-62	1		DC8-55JT	1
	DC8-62CF	5		DC8-72CF	3
	DC8-62F	1	Fuerza Aerea del Peru	DC8-62CF	2
	DC8-63	2	International Air Leases Inc.	DC8-62	1
	DC8-63CF	4		DC8-62F	1
	DC8-63F	2	Jet Aviation Zürich AG	DC8-72	1
	DC8-71F	12	Kitty Hawk Int.	DC8-52	1
Airborne Express	DC8-61	12		DC8-55	1
	DC8-61F	1		DC8-55JT	1
	DC8-62AF	6		DC8-61	2

Betreiber	Modell	im Einsatz
Airborne Express	DC8-63	10
	DC8-63AF	1
	DC8-63CF	1
	DC8-63F	4
	DC8-63PF	1
Andes Airlines	DC8-33FM	1
	DC8-53C	1
ARCA	DC8-43	3
	DC8-51C	1
	DC8-55JT	1
Arrow Air	DC8-51	1
	DC8-62	2
	DC8-62AF	3
	DC8-62F	2
	DC8-63CF	2
	DC8-63F	1
Brisair	DC8-62	1
Cargo Lion	DC8-62CF	3
Company Ceased Busin.	DC8-55JT	1
Consolidated Press Hold.	DC8-62	1
Cygnus Air	DC8-62	1
	DC8-62AF	1
Daimler Chrysler Aviation	DC8-55FM	1
	DC8-55JT	1
DHL Corp	DC8-73CF	2
	DC8-73F	5
Emery Worldwide Airlines	DC8-54JT	2
	DC8-62AF	3
	DC8-62CF	1
	DC8-62F	3
	DC8-63CF	2
	DC8-63F	5
	DC8-71	1
	DC8-71F	9
	DC8-73	1
	DC8-73AF	2
	DC8-73CF	12
	DC8-73PF	1

Betreiber	Modell	im Einsatz
Kitty Hawk Int.	DC8-61F	2
	DC8-62AF	4
	DC8-62CF	1
	DC8-63CF	2
LAC	DC8-52	1
Lan Chile	DC8-71F	2
Liberia World Airlines	DC8-54F	1
	DC8-55JT	2
Lignes Aeriennnes Congol.	DC8-54FM	1
MAS Air Cargo	DC8-61C	1
Midas Air Lines	DC8-51	1
MK Airlines	DC8-54JT	1
	DC8-55F	1
	DC8-55	1
	DC8-55JT	2
	DC8-62AF	1
	DC8-62F	1
Murray Aviation	DC8-63CF	2
NASA	DC8-72	1
Republic of Gabon	DC8-73CF	1
Saudi Aramco Aviation	DC8-72	1
Tampa Airlines Colombia	DC8-71F	3
Trans Continental Airlines	DC8-54F	1
	DC8-55JT	1
	DC8-61F	1
Transair Cargo	DC8-55JT	1
Transportes Chart.do Brasil	DC8-52	1
	DC8-54FM	1
	DC8-54JT	1
Tristar Internationales Sales	DC8-72	1
United Parcel Service	DC8-71CF	12
	DC8-71F	11
	DC8-73F	8
	DC8-73CF	19
United States Navy	DC8-54JT	1
Zantop International Airlines	DC8-54JT	2